都匀毛尖茶

主　编　周才碧　宋丽莎

西南交通大学出版社
·成　都·

图书在版编目（CIP）数据

都匀毛尖茶 / 周才碧，宋丽莎主编. —成都：西南交通大学出版社，2020.6
ISBN 978-7-5643-7456-3

Ⅰ. ①都… Ⅱ. ①周… ②宋… Ⅲ. ①绿茶－茶文化－都匀 Ⅳ. ①TS971.21

中国版本图书馆 CIP 数据核字（2020）第 096610 号

Duyun Maojiancha
都匀毛尖茶

主编　周才碧　宋丽莎

责任编辑　牛　君
封面设计　原谋书装

出版发行　西南交通大学出版社
（四川省成都市金牛区二环路北一段 111 号
西南交通大学创新大厦 21 楼）
邮政编码　610031
发行部电话　028-87600564　028-87600533
网址　http://www.xnjdcbs.com
印刷　成都蓉军广告印务有限责任公司

成品尺寸　185 mm × 260 mm
印张　16.75
字数　353 千
版次　2020 年 6 月第 1 版
印次　2020 年 6 月第 1 次
定价　49.00 元
书号　ISBN 978-7-5643-7456-3

课件咨询电话：028-81435775
图书如有印装质量问题　本社负责退换

《都匀毛尖茶》编委会

主　编　周才碧（黔南民族师范学院）

　　　　宋丽莎（黔南民族师范学院）

副主编　文治瑞（黔南民族师范学院）

　　　　周小露（湖南农业大学）

　　　　徐兴国（黔南州农业农村局）

　　　　陈世军（黔南民族师范学院）

　　　　冯志勇（都匀二中）

参　编　南雪芹（黔南民族职业技术学院）

　　　　卢　玲（贵州经贸职业技术学院）

　　　　刘丽明（湖南农业大学）

　　　　罗学尹（安徽农业大学）

　　　　陈　鹏（黔南民族职业技术学院）

　　　　李　平（黔南民族师范学院）

　　　　石　悦（黔南民族师范学院）

　　　　张明泽（黔南民族师范学院）

　　　　韦玲冬（黔南民族师范学院）

　　　　格根图雅（黔南民族师范学院）

　　　　黄天芸（泰国国立发展管理学院）

　　　　杨家干（遵义市农业农村局）

　　　　林光进（贵州省灵峰科技产业园有限公司）

　　　　周才元（贵州碧竖科技服务有限公司）

　　　　陈　菊（黔南民族师范学院）

　　　　聂文俊（都匀一中）

　　　　陆开莲（都匀市匀东镇中学）

　　　　李雷雪（黔南民族师范学院）

序言

都匀毛尖茶，是中国十大名茶之一。1956 年，由毛泽东主席亲笔命名，又名“白毛尖”“细毛尖”“鱼钩茶”“雀舌茶”，因原产于贵州都匀市（现属黔南布依族苗族自治州）而得名。都匀毛尖具有外形白毫显露、条索紧细、卷曲似鱼钩，内质香高持久、汤色清澈明亮、滋味鲜爽回甘，叶底明亮、芽头肥壮等特点。素以“三绿三黄”的品质特征著称于世，即干茶色泽绿中带黄，汤色绿中透黄，叶底绿中显黄。

民国《都匀县志稿》记载：“茶，四乡多产之，产小菁者尤佳（即今都匀市的团山、黄河一带)，以有密林防护之。”又据黔南《农业名特优资源》载：“都匀毛尖茶有悠久的历史，成名也较早，据史料记载，早在明代，毛尖茶中的‘鱼钩茶’‘雀舌茶’便是皇室贡品，到乾隆年间，已开始行销海外。”1915 年荣获巴拿马太平洋国际博览会金奖，1956 年毛主席亲笔命名“都匀毛尖茶”；1982 年 6 月，在湖南长沙召开的全国名优茶评比会议上，都匀毛尖茶入选十大名茶；2009 年入选贵州省非物质文化遗产名录，被评为“中华老字号”产品；2010 年入选中国上海世博会十大名茶和联合国馆指定用茶；“都匀毛尖”“都匀毛尖茶”分别于 2005 年和 2010 年被国家工商总局和国家质检总局批准注册为证明商标和地理标志产品保护；2012 年都匀毛尖成为消费者最喜爱的 100 个中国农产品区域公用品牌；2014 年习近平总书记点赞都匀毛尖，并做出“对于都匀毛尖，希望你们把品牌打出去”的重要指示，2015 年度，都匀毛尖品牌价值评估 20.71 亿元，荣获“最具发展力品牌”，排名全国第 13 位，是贵州省唯一入选中国前 20 强的茶叶品牌。

虽然都匀毛尖茶产业进入了一个鼎盛时期，但目前尚缺一本全面介绍都匀毛尖茶文化的专业书籍。本书是来自茶叶教育、科研、生产、流通、文化等领域 20 余位贵州茶人集体智慧的结晶。该书内容丰富，资料翔实，寓科学性、知识性、资料性于一体，是全面了解都匀毛尖茶文化、历史、栽培、加工、品鉴、功能、食用等内容的学习用书。书中每个章节结尾设有“思考与讨论”“课外阅读资料”“课外实践活动”“复习题”等内容，可供大中专院校相关专业学生及茶叶工作者和茶叶爱好者阅读、参考。

张凌云

2020 年 3 月于羊城

前 言

《贵州省茶产业提升三年行动计划》和《黔南州国民经济和社会发展第十三个五年规划》提出，提高文化软实力，以文化促经济，鼓励相关院校设立茶学专业；明确强调普及茶文化，推动茶文化进机关、进学校、进军营、进社区，将茶文化活动作为中小学劳动课程及高等院校通识课。本书以茶经为引，分为茶之源、茶之事、茶之出、茶之植、茶之具、茶之造、茶之器、茶之鉴、茶之煮、茶之饮、茶之用等十一章，系统地阐述了中国十大名茶之一——贵州卷曲型绿茶都匀毛尖，弥补了都匀毛尖茶文化普及和科普教学的空白，可作为贵州相关企事业单位开展都匀毛尖及茶文化的授课和培训教材。

该书获得以下课题资助：贵州省教育厅项目（黔教合人才团队字〔2014〕45号、黔教合KY字〔2017〕336、黔教高发〔2015〕337号、黔学位合字ZDXK〔2016〕23号、黔农育专字〔2017〕016号、黔教合KY字〔2014〕227号、黔教合人才团队字〔2015〕68、黔教合KY字〔2016〕020号、黔教合KY字〔2015〕477号），贵州省科技厅项目（黔科合LH字〔2014〕7428、黔科合支撑〔2019〕2377号、黔科合基础〔2019〕1298号），黔南州科技局项目（黔南科合〔2018〕13号、黔南科合学科建设农字〔2018〕6号），黔南民族师范学院科研项目（QNYSKYTD2018004、qnsy2018001）。此外，特别感谢贵州省灵峰科技产业园有限公司、贵州碧竖科技服务有限公司对该书应用实操部分编写的大力支持。

由于编者水平所限，书中难免存在不足及疏漏之处，敬请读者批评指正。

编 者

2020年1月

目录

第一章　茶之源

第二章　茶之事

第三章　茶之出

第四章　茶之植

第五章　茶之具

第六章　茶之造

第七章　茶之器

第八章　茶之鉴

第九章　茶之煮

第十章　茶之饮

第十一章　茶之用

第一章 茶之源

中国是茶树的起源地，从发现和利用茶至今，已有约5000年的历史；人工栽培茶树，也有约3000年历史。黔南布依族苗族自治州是唯一的低纬度、高海拔、寡日照、多雨雾、原生态、气候温和的茶区，并孕育出“中国十大名茶”之一的都匀毛尖茶。

那么，“茶”字有何由来？黔南茶叶有怎样的发展史？都匀毛尖茶名称的由来是怎样的？

第一节 黔南茶字的称呼

从古至今，茶的名称很多，如荼、诧、荈、槚、蔎、茗、皋卢等。其中，用得最多、最广泛的是“荼”。随着茶事的发展，从一字多义的“荼”中衍生出“茶”字，沿用至今。

“十里不同天，百里不同俗”。一个茶字在黔南州少数民族中称呼各异：布依族普遍称茶为“改”“荈”，长顺、惠水一带的布依族称茶为“者”；苗族则称其为“吉”“几”“及”，如贵定、龙里、惠水的苗族称茶为“几”，瓮安、湄潭一带的苗族称为“刷”，都匀、三都一带的苗族称茶为“无及”；都匀瑶族将茶称为“槝记”；黔南侗族则称为“谢”。

第二节 黔南茶叶的记载

黔南茶叶种植历史悠久，最早见于东晋常璩《华阳国志》记载“巴国东至鱼复，西至棻道，北接汉中，南及黔涪……茶，皆纳贡之……园有芳蒻、香茗……”，其中黔涪、棻道，包括今贵州的黔东、黔北和黔南地区，已有人工成片栽培的茶园，且出产香茗进贡朝廷。

黔南茶文化积淀深厚，相关记载屡屡见于各类典籍。汉武帝建元六年（135 年），发现夜郎市场上除了僰僮、筰马、髦牛之外，还有茶等商品（汉代《贵州古代史》）。唐代陆羽《茶经》赞美黔茶“茶生思州、播州、费州、夷州……往往得之，其味极佳”。北宋《太平寰宇记》描述土司进献朝廷主要贡品为茶，“夷州、播州、思州以茶为土贡”。元代贵定平伐少数民族首领的娘携云雾山“狗仔马”和“鸟王茶”觐见泰定帝（《贵阳府志·贵定县志稿》）。明代洪武年间名茶包括新添（贵定）茶和贵定云雾茶等 97 种，嘉靖年间番州府（惠水）以茶芽为贡，崇祯元年黔南茶叶被皇帝赐名为“鱼钩茶”。清代顺治年间程番府（惠水）贡茶芽；康熙年间新添、阳宝山有茶产出，制之如法味亦佳；乾隆年间为保障贡茶用地，刻石碑界定贡茶产地区域（注：贵定云雾茶贡茶碑是中国唯一的贡茶古碑，1982 年被贵州省人民政府公布为省级重点文物保护单位）；光绪年间贵州巡抚林绍年进献贵定雪芽茶，曰“贵定茶芽一匣，老佛爷留用，贵定茶芽一匣，皇上敬用。”1915 年为庆贺巴拿马运河开通，中国应邀参加“巴拿马太平洋万国博览会”，获得大奖章、名誉奖章、金奖等 1211 枚奖牌，其中，黔南茶叶（都匀毛尖茶）就贡献了一枚大奖（注：时隔百年，2015年巴拿马万国博览会100周年庆典暨精品回顾展，“都匀毛尖”经典重现，再次荣获百年庆“特别金奖”）。1956年4月，为了感谢毛泽东主席带领广大农民翻身得解放，高级农业社都匀茶农精心制作了3斤“鱼钩茶”寄给毛主席；6月9日收到一封落款为中共中央办公厅的回信，并附有毛主席的亲笔信“高级农业社都匀茶农：此茶很好，我已收到，今后高山多种茶，我看此茶名都匀毛尖茶——毛泽东”。

第三节　都匀毛尖的来源

一、云雾茶

平伐（现为云雾镇），位于贵定、都匀、平塘等县交界处。元代的“平伐”地域远比现今要大得多，人口至少有数十万人，主体就是3000多年前从古蜀国迁徙至此的海肥苗。自唐宋以来，他们开山种茶，自治自理。元代统治者凭恃武力赢得胜利，但仍然任命的娘镇守当地，为表示臣服须贡献“方物”。的娘和他的手下携带两样“方物”来到了京都，其一是云雾山的矮马“狗仔马”，其二就是云雾茶，当地称为“鸟王茶”。这次进贡记录在《贵阳府志·贵定县志稿》中，是自唐宋以来黔南茶又一次进入朝廷，时值元泰定二年，即1325年。

二、鱼钩茶

都匀毛尖与崇祯皇帝之间有不解的情缘。明朝天启二年（1621年），贵州安邦彦举兵叛乱，围攻黔中首府贵阳，丘禾嘉（贵定人）组织地方民团平叛。崇祯元年，崇祯皇帝破格提拔丘禾嘉，丘禾嘉入朝觐见，进贡给崇祯皇帝黔南茶。丘禾嘉说：“这是我家乡都匀府出产的茶叶，为我朝贡茶，可惜迄今还没有名字，请皇上赐名。”崇祯皇帝品后大悦：“卿所贡之茶，历朝有名，生时为枪，熟时似钩，赐名‘鱼钩茶’。”

三、都匀毛尖茶

1956年4月清明期间，都匀县团山乡乡干部罗雍和村民谭修芬、王顺天、谭修楷等数名青年团员一起集中学习阅读报纸，正好读到《贵州农民报》有题为《人民热爱毛主席，万里边境送虎皮》的新闻。为了感谢毛泽东主席带领广大农民翻身做主得解放，几位年轻人精心制作了3斤（1斤=500 g，1公斤=1 kg）“鱼钩茶”寄给毛主席，并附信一封：“敬爱的毛主席，感谢您和党中央领导，让我们当家做主人。为表心意，我们共青团代表乡亲采制了茶叶，寄 3 斤都匀土特产鱼钩茶请您品尝。”

6 月 9 日，茶农社收到一封落款为中共中央办公厅的回信。信件内容大致是：你们给毛主席的茶叶已收到，经主席批准，寄给你们十六元作成本费。附有几句毛主席的亲笔签字：“高级农业社都匀茶农，此茶很好，我已收到，今后高山多种茶，我看此茶名都匀毛尖茶。”（图 1-1）一封简短的回信蕴含着毛主席的褒奖、信任和期望，都匀毛尖茶由此得名并传沿至今。

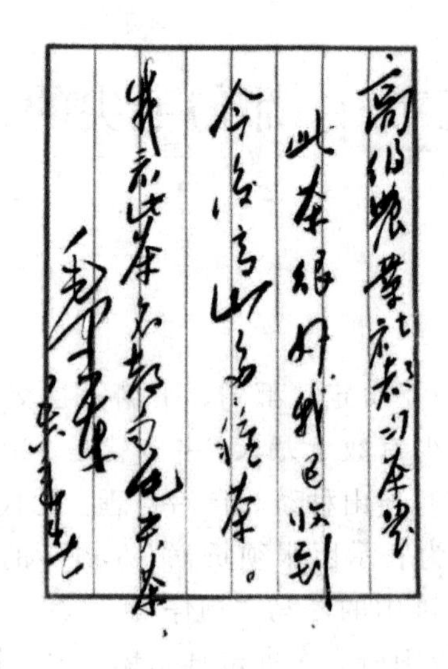

高级农业社都匀茶农

此茶很好，我已收到

今后高山多种茶。

我看此茶名都匀毛尖茶，

毛泽东

图 1-1　毛主席回复信件

【思考与讨论】

简述都匀毛尖茶的起源。

【课外阅读资料】

中国起源说的证据

1. 大茶树的发现与分布

（1）古文献中有许多茶的记载

陆羽《茶经》：“茶者，南方之嘉木也。巴山峡州，有两人合抱者，伐而掇之”。

云南《大理府志》：“点苍山，树之大者高一丈”。

（2）野生大茶树的分布

据不完全统计，全国有 10 个省区近 200 处发现野生大茶树，主要有 4 个集中分布区：滇南、滇西南；滇、桂、黔比邻区；滇川黔比邻区；粤赣湘比邻区。

此外，福建、台湾、海南有少量分布。

云南的野生大茶树最具典型性：分布数量多、最古老。

野生古茶树王：巴达大茶树(1961年发现，勐海巴达大黑山原始森林，高32.12 m，树幅8.8 m，最大干径100.3 cm)。

2. 茶树原产地的考证

（1）茶树分布

山茶科茶属，起源于上白垩纪至新生代第三纪，分布在劳亚古大陆的热带和亚热带地区，而我国西南地区位于其南缘，茶树种属集中、分布多。

世界山茶科植物有23属，380余种，中国15属，260余种，多分布在西南地区。

（2）地质变迁

西南地区山川河谷纵横交错，地形多变，气候多样，使该地品种变异多、资源丰富（植物学家：某种植物变异最多的地方当为该植物起源中心）。

（3）茶树进化

云南原始型茶树较集中，当属茶树原产地。

结论：中国为茶树原产地，西南地区为原产地中心。

3. 茶树起源于中国的理由

（1）中国西南部山茶科植物最多，是山茶属植物的分布中心；

（2）中国西南部野生茶树最多（1200多年前，10省/区200多处之70%，云南特大型、连片，类型之多，数量之大，面积之广，世界罕见——原产地植物最显著的植物地理学特征）；

（3）中国西南部种内变异最多（形态、叶型等种内变异之多、资源之丰富是世界上任何其他地区不能相比的）；

（4）中国西南部利用茶最早，茶文化内容最丰富（历史和文化层面佐证）；

（5）最早的茶树植物学名；

（6）茶叶生化成分特征提供的线索。

以上六个方面事实都证明：茶树起源于中国，中国是茶的故乡！

【课外实践活动】

探究茶树形态特征之旅

一、时间

根据教学时间灵活安排。

二、活动地点

杨柳街苗山。

三、活动内容

参观茶园，了解茶树形态特征。

四、活动要求

1. 活动前准备

（1）请班主任将班级学生分成几个小组，每小组安排小组长，填写“小组安排

表”，活动时以小组为单位活动，将小组长名单告知相应车长。

（2）各班安排学生，在当天活动前为班级领食物。

（3）请班主任提前做好学生的安全教育。

（4）请班主任将所在的车号、上车时间和集合时间准确通知学生，听从小组长和带班老师的指挥，不得单独行动，服从活动安排。

2. 集合出发

（1）根据教学时间安排好时间在操场集合。

（2）按照要求和班级参与活动的人数，到指定地点领取点心。

（3）在指定地点排队有序上车。

3. 车上纪律

文明乘车，不得大声吵闹，不得随意将头、手等部分伸出车外，不得在车厢内随意走动，垃圾入袋，服从司机、导游和车长的安排。

4. 集合回校

以小组为单位，按时集合，找到所在车辆，向车长报道。全部师生到齐后发车回校。

5. 活动反馈

备注：此次课外实践活动可以与第三章课外实践结合。

复习题

1. 简述黔南茶字的主要称呼。
2. 简述黔南茶叶的主要记载。
3. 简述都匀毛尖茶名称的来源。

第二章 茶之事

茶之事，素为风雅。早在明朝时期，黔南茶叶便已作为朝廷贡茶所用，深得崇祯皇帝喜爱。至乾隆年间，便已开始行销海外，在国际与国内的茶事活动中均获得较高的称赞，与国内外多位名人结下深厚茶缘，让历史浸染上浓浓的茶香。不可否认的是，因为地处偏远与当时人们的偏见，外界对富含少数民族特色文化内涵的贵州茶知之甚少，或是只知其名而不知其实。

第一节 都匀毛尖的茶事活动

【问题探讨】

茶事活动是茶文化传播与交流的载体，都匀毛尖茶事活动的举办不仅是对贵州深厚“茶德”“茶礼”“茶品”等少数民族文化的传承与发扬，更是贵州茶叶品牌打造的核心动力。贵州的山将贵州茶举出世界地平线的同时，也筑起了高高的屏障，而茶事活动是对外界发起的邀请函。

【讨 论】

（1）茶事活动对都匀毛尖茶的发展有什么影响？

一、逐鹿巴拿马博览金奖

1915年，都匀毛尖茶荣获“美国巴拿马万国博览会金奖”。

1912年2月，为庆贺巴拿马运河即将开通（巴拿马运河区当时由美国管辖），美国政府宣布，于1915年2月在西海岸的旧金山市举办“巴拿马太平洋万国博览会”，并邀请世界各国参加。中国应邀参与，获得大奖章57枚、名誉奖章74枚、金奖258枚、银奖337枚、铜奖258枚、荣誉证书227枚，共1211枚奖牌。其中，黔南茶叶（都匀毛尖茶）作为中国名优茶之一，就贡献了一枚大奖（图2-1）。时隔百年，1915—2015美国巴拿马万国博览会100周年庆典暨精品回顾展于2015年12月23日，在美国拉斯维加斯凯撒皇宫隆重举行，“都匀毛尖”经典重现，再次荣获百年庆“特别金奖”。

图2-1 1915年“美国巴拿马万国博览会”奖章

二、入榜中国十大名茶

中国茶叶历史悠久、种类繁多，有传统名茶和历史名茶之分，就中国的“十大名茶”也有很多说法，常见的有以下几种：

1915年，巴拿马万国博览会将碧螺春、信阳毛尖、西湖龙井、君山银针、黄山毛峰、武夷岩茶、祁门红茶、都匀毛尖（鱼钩茶）、铁观音、六安瓜片列为中国十大名茶。

1959年，中国“十大名茶”评比会将西湖龙井茶、洞庭碧螺春、黄山毛峰、庐山云雾茶、六安瓜片、君山银针、信阳毛尖、武夷岩茶、安溪铁观音、祁门红茶列为中国十大名茶。

1982年，全国名茶评选会将西湖龙井、都匀毛尖等来自14个产茶省（区）的30个茶样列为中国十大名茶，此次评选为中华人民共和国成立以来第一次全国名茶评选会，具有极大权威性。

1999年，《解放日报》将江苏碧螺春、西湖龙井、安徽毛峰、六安瓜片、恩施玉露、福建铁观音、福建银针、云南普洱茶、福建云茶、江西云雾茶列为中国十大名茶。

2001年，美联社和《纽约日报》将黄山毛峰、洞庭碧螺春、蒙顶甘露、信阳毛尖、西湖龙井、都匀毛尖、庐山云雾、安徽瓜片、安溪铁观音、苏州茉莉花茶列为中国十大名茶。

2002年，《香港文汇报》将西湖龙井、江苏碧螺春、安徽毛峰、湖南君山银针、信阳毛尖、安徽祁门红、安徽瓜片、都匀毛尖、武夷岩茶、福建铁观音列为中国十大名茶。

【扩展阅读：1982年全国名茶评选会及都匀毛尖茶入榜】

1. 1982年全国名茶评选会

为了继承和发展我国名茶传统采制技术，交流经验，共同学习，进一步提高业务水平，以抓好名茶生产品质，从而推动和促进我国茶叶质量的提高，商业部茶叶畜产局于1982年6月9—16日，在湖南省长沙市召开新中国成立以来第一次全国名茶评选会。参加会议的有浙江、安徽、湖南、湖北、福建、江西、江苏、云南、贵州、四川、广东、广西、河南、陕西等14个产茶省（区）和京、津、沪、辽、鲁等5个销区的代表，还邀请浙江农业大学、广西农学院热作分院、公安部十一局、湖南省茶叶科研所等派代表参加会议；此外，特邀请福建省农业厅高级农艺师张天福、湖南农学院园艺系副教授陆松候，到会进行指导。

全国14个产茶省（区）提供的84个名茶样采取明码审评，经全国各地的50多位茶叶专家权威严谨的评鉴，评选出品质优异，具有独特风格，以及色、香、味俱佳的名茶30种，其中绿茶类22种、黄茶类2种、白茶类1种、花茶类2种、乌龙茶类3种（图2-2）。

江西：庐山云雾
婺源茗眉
浙江：西湖龙井
江山绿牡丹
顾渚紫笋
金奖惠明
江苏：碧螺春
雨花茶
茉莉苏明毫

安徽：太平猴魁
黄山毛峰
涌溪火青
六安瓜片
四川：峨眉毛峰
广西：覃塘毛尖
湖北：金水翠峰
鹿苑茶
云南：南糯白毫

湖南：古丈毛尖
保靖岚针
青岩茗翠
君山银针
河南：信阳毛尖
贵州：都匀毛尖
福建：天山绿茶
茉莉闽毫
白毫银针
广东：凤凰单枞

图 2-2　入选 1982 年中国十大名茶名单

2. 都匀毛尖茶被评为“中国十大名茶”（图 2-3）

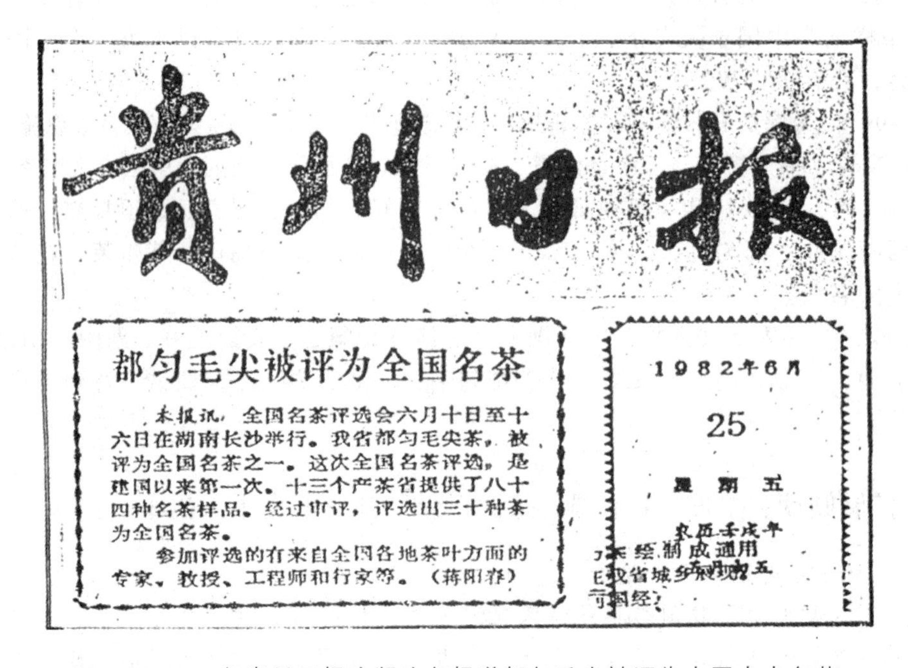
贵州日报

都匀毛尖被评为全国名茶

本报讯，全国名茶评选会六月十日至十六日在湖南长沙举行。我省都匀毛尖茶，被评为全国名茶之一。这次全国名茶评选，是建国以来第一次。十三个产茶省提供了八十四种名茶样品。经过审评，评选出三十种茶为全国名茶。

参加评选的有来自全国各地茶叶方面的专家、教授、工程师和行家等。（蒋阳春）

1982年6月
25
星期五
农历壬戌年
五月初五

图 2-3　1982 年贵州日报头版头条报道都匀毛尖被评为中国十大名茶

1982 年，都匀茶场原场长徐全福（图 2-4）和贵州省的国家级茶叶评委甘榆才科长一道，代表贵州省携带着都匀毛尖等 5 个贵州品牌的茶叶到长沙参加中国首次茶评会。全国 14 个产茶省（区）提供的 84 个名茶样采取明码审评，经全国各地的 50 多位茶叶专家权威严谨的审评，都匀毛尖茶最终以 96 分的高分被评为中国十大名茶，并在绿茶类排名第二名。

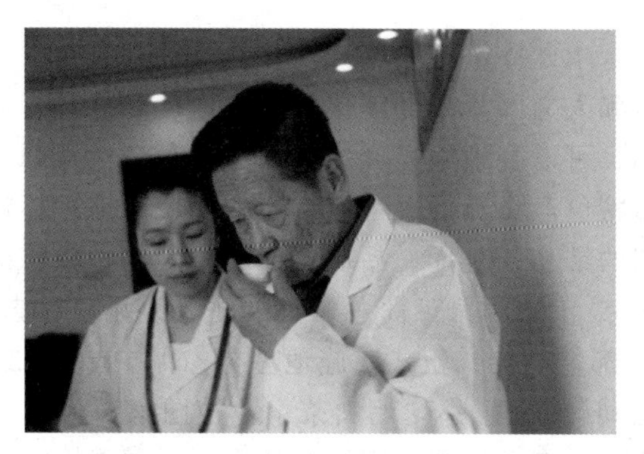

图 2-4 徐全福（右一）在审批茶样

三、注册国家工商总局证明商标

2005 年，都匀毛尖茶被国家工商总局批准注册为证明商标（图 2-5）。

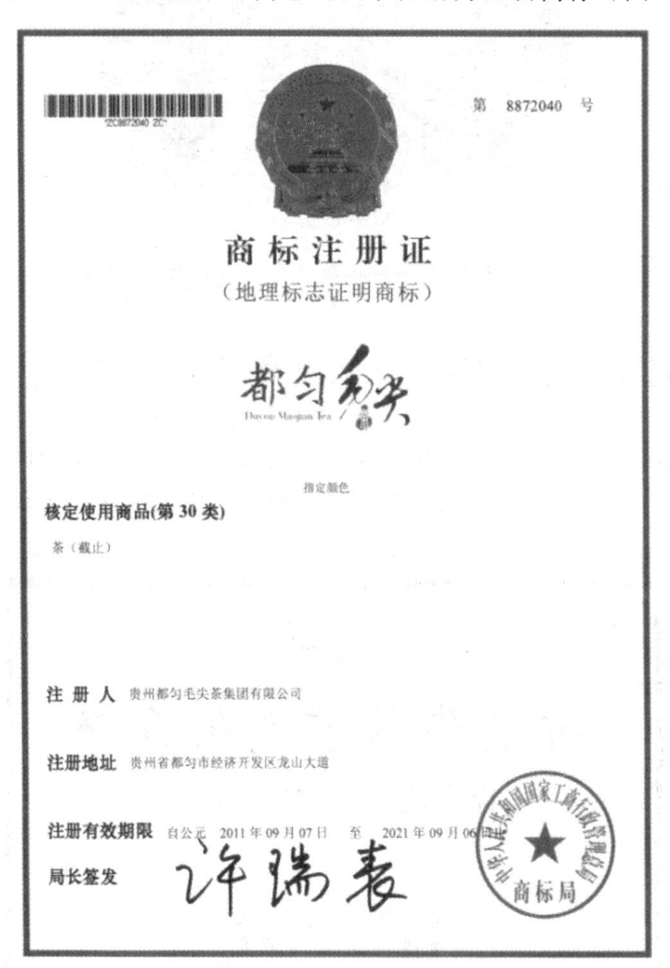

第 8872040 号

商标注册证

（地理标志证明商标）

都匀毛尖

指定颜色

核定使用商品(第 30 类)

茶（截止）

注册人 贵州都匀毛尖茶集团有限公司

注册地址 贵州省都匀市经济开发区龙山大道

注册有效期限 自公元 2011 年 09 月 07 日 至 2021 年 09 月 06 日止

局长签发 许瑞表

中华人民共和国国家工商行政管理总局 商标局

图 2-5 都匀毛尖证明商标

地理标志产品是指产自特定地域，所具有的质量、声誉或其他特性本质上取决于该产地的自然因素和人文因素，经审核批准以地理名称进行命名的产品。通过申请地理标志证明商标，可以合理、充分地利用与保存自然资源、人文资源和地理遗产，有效地保护优质特色产品和促进特色行业的发展。地理标志产品是一个国家地理、文化和传统工艺的结晶，是优良品质的代表，是一种独特的资产。

都匀毛尖茶，2005 年被国家工商总局批准注册为地理标志证明商标，2010 年 11 月国家质检总局对都匀毛尖茶正式实施地理标志保护产品。2011 年 8 月黔南州都匀毛尖茶有限责任公司等 10 家都匀毛尖茶企业被国家质检总局核准，成为第一批使用都匀毛尖茶地理标志产品保护专用标志的企业（图 2-6）。

图 2-6　都匀毛尖地理标志保护产品专用标志

四、入选贵州省非物质文化遗产名录

都匀毛尖茶制作技艺，于 2009 年 9 月，列入第三批省级非物质文化遗产名录，于 2014 年 7 月，列入第四批国家级非物质文化遗产代表性保护名录（图 2-7）。

图 2-7　都匀毛尖茶制作技艺列为非物质文化遗产代表性保护名录

五、评为“中华老字号”产品

为做好中华老字号保护与促进工作，商务部委托中国商业联合会成立“保护与促进中华老字号振兴发展（专家）委员会”，根据《“中华老字号”认定规范（试行）》有关要求，组织专家严格审核。于 2010 年 7 月公示第二批保护与促进的中华老字号名录（零售、食品类），入围名录涉及 28 个省、市、自治区 345 家企业，其中包括贵州都匀毛尖茶集团有限公司（注册商标：都匀毛尖）（图 2-8）。

商务部业务系统统一平台

中华老字号信息管理

网站首页 工作动态 政策法规 变更公告 企业动态 老字号风采 老字号传承 地方老字号

贵州都匀毛尖茶集团有限公司

赞(4)

企业名称:	贵州都匀毛尖茶集团有限公司	品牌名称:	
LOGO:	贵州都匀毛尖茶集团有限公司 GuizhouDuyun Maojian teaGroup. Ltd		
单位地址:	贵州省都匀市斗篷山路317 "灵智广场"	邮　编:	558000
网　址:	http://www.gzlznk.com		
联系人:	曹承芳	联系电话:	0854-4928922
注册商标:	都匀毛尖　都匀毛尖　都匀毛尖		
企业简介:	贵州都匀毛尖茶集团有限公司成立于1998年12月，公司注册资金为5180万元，是都匀市政府为了调整农业产业结构和大力发展都匀毛尖茶产业而成立的农业产业化经营企业，为国有全资企业。2009年9月，都匀市政府将贵州都匀毛尖茶集团有限公司交由贵州灵智农业集团有限公司托管。贵州都匀毛尖茶集团有限公司拥有加盟商户二万多亩良种茶园和配套的茶叶加工厂房、名茶制作车间及茶机设备，是生产、加工、销售一条龙的茶叶产业化集团公司，经济实力雄厚。公司生产素有"北茅台，南毛尖"之称的"都匀毛尖茶"，以及高山绿茶、花茶、野生苦丁茶等系列产品。贵州都匀毛尖茶集团有限公司监制出品的三大系列产品均严格执行DB52/336-91国家标准，先后获得了中国国际农业博览会名牌产品、国际名茶优质奖、贵州名特优农产品展销会名牌农产品、贵州省优质农产品、贵州省茶叶行业著名品牌、中华老字号等荣誉。公司按照"公司+协会+农户+基地"及"贸、工、农"一体化的模式进行生产经营，取得了斐然的成绩：先后被评为贵州省农业产业化经营省级重点龙头企业、贵州省茶叶行业优秀企业、全国双百市场工程农产品流通企业。2005年2月7日申请注册"都匀毛尖"证明商标正式经国家商标局核准注册，是贵州省目前唯一注册成功的农产品证明商标，该商标所证明的产品的种植地域范围包括整个黔南州11个县市。都匀毛尖茶集团有限公司在灵智集团公司、在政府、主管部门的领导下，将投入大量的物力、财力为"都匀毛尖茶"品牌策划推广，清理假冒伪劣产品，为黔南茶商茶农做好"都匀毛尖"证明商标使用服务工作，会同各茶企业，融合资源，重磅出击，再创都匀毛尖百年前的辉煌！		

中华老字号 China Time-honored Brand

版权所有：中华人民共和国商务部　流通业发展司电话：010-85093776　技术支持：中国国际电子商务中心

ICP备案编号：京ICP备C5004093号　流通业发展司传真：010-85093795　技术支持电话：4008008866转675、678、520、519、670

图 2-8　2010 年被评为"中华老字号"产品

六、入选中国世博会十大名茶

中国 2010 年上海世界博览会（EXPO 2010）于 2010 年 5 月 1 日至 10 月 31 日

在中国上海市举行，是第41届世界博览会，也是由中国举办的首届世界博览会。本次世博会主题是：城市，让生活更美好（Better City，Better Life）。

为了选出代表中国的世博十大名茶，演绎“一个地球，一个联合国，一杯中国茶”的世纪绝唱，“中国世博十大名茶”招管会在由当地政府和茶企业报名的传统历史名茶中，按照联合国馆的“硬指标”和招管会相关规定，评选安溪铁观音、西湖龙井、都匀毛尖、祁门红茶（润思）、六安瓜片（一笑堂）、湖南黑茶、武夷岩茶（大红袍）、茉莉花茶（张一元）、天目湖白茶、太姥银针等十大传统名茶作为“中国世博十大名茶”，入驻世博联合国馆（图2-9）。

證　書

都匀市人民政府：

由贵单位选送的中国传统历史名茶“　都匀毛尖　”入选
Your unit sent by the Chinese traditional tea “ Duyun maojian ” has selected

中国世博十大名茶
China world EXPO Ten Famous Tea
——中国2010上海世博会联合国馆专用茶
——Official Tea of the United Nations Pavilion, Shanghai Expo 2010

特颁此证

图2-9　入选中国2010上海世博会联合国馆专用茶

七、入选“中国特色农产品优势区”

近年来，都匀市按照茶旅结合、山地旅游的定位，全力对黔南海拔第一的螺丝壳进行建设和改造，旨在把毛尖镇螺丝壳打造成都匀乃至黔南地区茶旅结合的山地旅游胜地，以茶带旅、以旅促茶，形成旅游观光、休闲度假为一体的发展模式。

为贯彻落实中央 1 号文件和《政府工作报告》精神，农业农村部、国家林业和草原局等九部门开展了中国特色农产品优势区创建和遴选工作。经县市（垦区、林区）申请、省级推荐、部门初审、专家评审、征求意见等程序，2018 年 12 月，都匀毛尖再次获得认可，作为全国遴选出的 86 个中国特色农产品产区之一，入选第二批“中国特色农产品优势区”（图 2-10）。

关于中国特色农产品优势区名单（第二批）的公示

日期：2018-12-13 13:50　作者：　来源：农业农村部市场与信息化司　【字号：大 中 小】　打印本页

为贯彻落实中央1号文件和《政府工作报告》精神，农业农村部、国家林业和草原局等九部门开展了中国特色农产品优势区创建和遴选工作。经县市（垦区、林区）申请、省级推荐、部门初审、专家评审、征求意见等程序，现将遴选出的中国特色农产品优势区（第二批）进行公示，公示期为12月13日至12月19日。如有异议，请实名（单位主要负责人签字并加盖公章）书面向农业农村部市场与信息化司、国家林业和草原局改革发展司反映。

电话：农业农村部市场与信息化司 010-59191862

国家林业和草原局改革发展司 010-84239373

农业农村部市场与信息化司 国家林业和草原局改革发展司

2018年12月13日

图 2-10　入选第二批“中国特色农产品优势区”

第二节　都匀毛尖的百年荣誉

都匀毛尖从 1915 年在巴拿马万国博览会荣获金奖，到 1982 年在中国首届茶评会上被评为中国十大名茶，其优秀品质带来一路荣誉，传承不息，素有“北有仁怀茅台酒，南有都匀毛尖茶”的美誉，奠定了其中国“绿茶皇后”的历史地位（图 2-11）。

图 2-11　都匀毛尖茶主要荣誉榜

◎1915 年，荣获巴拿马太平洋国际博览会金奖；

◎1956 年，毛主席亲笔赐名“都匀毛尖茶”；

◎1982 年，被评为“中国十大名茶”；

◎1988 年，荣获首届中国食品博览会金奖；

◎1995 年，荣获“95 中国传统名茶奖”；

◎1999 年，荣获“贵州省名牌产品”称号；

◎2002 年，荣获“贵州省名优茶”称号；

◎2003 年，荣获贵州省著名品牌；

◎2004 年，荣获“中绿杯全国名优绿茶金奖”；

◎2004 年，荣获“蒙顶山杯国际名茶金奖”；

◎2005 年，荣获“华茗杯全国名优绿茶金奖”；

◎2005 年，荣获“中茶杯”金奖；

◎2005 年，荣获“放心茶中茶协推荐品牌”；

◎2005 年，都匀市荣获“中国茶产业发展政府贡献奖”；

◎2005 年，都匀市被国家列入“114 个名茶示范基地县”；

◎2005 年，被国家工商总局批准注册为证明商标；

◎2006 年，荣获“多彩贵州”旅游商品设计大赛金奖。

◎2007 年，荣获“贵州省名优绿茶奖”；

◎2007 年，都匀市被授予“中国毛尖茶都”荣誉称号；

◎2007 年，荣获“中茶杯全国名优绿茶金奖”；

◎2008 年，荣获“中绿杯全国名优绿茶金奖”；

◎2009 年，荣获“中国鼎尖名茶奖”；

◎2009年，成功入选贵州省非物质文化遗产名录；

◎2009年，荣获第十六届国际茶文化节“金牛奖”；

◎2009年，荣获信阳恒天杯全国名优绿茶“金奖”；

◎2009年，荣获北京中国国际茶业博览会“金奖”；

◎2009年，荣获“贵州十大名片”荣誉称号；

◎2009年，荣获日本世界绿茶评比“金奖”；

◎2010年，荣获“中国精品名茶”称号；

◎2010年，被国家质检总局批准注册为地理标志产品保护产品；

◎2010年，区域公用品牌价值9.63亿元，位列全国第18位；

◎2010年，入选国家“中华老字号”名录；

◎2010年，荣获“第八届国际名茶评比 金奖”荣誉称号；

◎2010年，荣获“中绿杯金奖”；

◎2010年，荣获“中国世博十大名茶”“上海世博会联合国馆指定用茶”荣誉称号；

◎2011年，荣获“中国农产品品牌博览会优质农产品金奖”；

◎2011年，荣获“杭州国际名茶博览会金奖”。

◎2011年，区域公用品牌价值评估10.51亿元，位列全国第18位；

◎2011年，被评为“消费者最喜爱的100个中国农产品区域公用品牌”；

◎2012年，区域公用品牌价值评估11.39亿元，位列全国第22位；

◎2012年，都匀市荣获“中国绿色茶叶示范市”；

◎2012年，都匀市荣获“全国茶叶科技创新示范市”；

◎2013年，荣获由贵州省人民政府颁发的“贵州省自主创新品牌100强”；

◎2013年，都匀市被评为“全国十大茶产地”；

◎2013年，都匀毛尖区域公用品牌价值12.93亿元，位列全国第20位；

◎2014年，都匀毛尖茶产品荣获“贵州省著名商标”；

◎2014年，都匀毛尖茶产品荣获“贵州省名牌产品”；

◎2014年，都匀毛尖区域公用品牌价值13.78亿元，位列全国24位；

◎2014年，都匀市获“中国名茶之乡”荣誉称号；

◎2014年，习近平总书记点赞都匀毛尖茶，并做出“对于都匀毛尖，希望你们把品牌打出去”的重要指示；

◎2015年，都匀毛尖区域公共品牌价值评估20.71亿元，荣获“最具发展力品牌”，位列全国第13位，是贵州省唯一入选中国前20强的茶叶品牌；

◎2015年，都匀毛尖以910的品牌强度和181亿元的品牌价值荣登区域品牌茶叶类地理标志产品榜单第二位；

◎2015年，都匀毛尖荣获1915—2015美国巴拿马太平洋万国博览会百年庆典特别金奖；

◎2016年，都匀毛尖公用品牌价值评估23.54亿元，位列全国第12位，被评为

“最具发展力品牌”；

◎2016 年，都匀毛尖以 211.49 亿元的品牌价值位列茶叶类地理标志产品榜单第四位；

◎2017 年，都匀毛尖区域公共品牌价值达 25.67 亿元，位列全国 11 位，被评为“最具传播力品牌”；

◎2017 年，被农业部评为“中国十大茶叶区域公用品牌”；

◎2018 年，都匀毛尖区域公共品牌价值评估 29.90 亿元，首次进入中国茶叶区域公用品牌价值前十强，位列榜单第 9 位，并被评选为“最具经营力品牌”；

◎2018 年，荣获农业部举办的第二届中国茶叶博览会金奖；

◎2019 年，被评为“全国绿色农业十佳茶叶地标品牌”。

◎2019 年，被评为首届中国品牌农业“神农奖”。

◎2019 年，都匀毛尖区域公共品牌价值评估 32.90 亿元，位列榜单第 11 位，并被评选为“最具经营力品牌”；

【思考与讨论】

都匀毛尖茶经过近几十年的努力确有一定的发展，但就全国来说影响力还是有限，很多人并不知道都匀毛尖，我们要怎样利用都匀毛尖的历史荣誉，更好地去宣传都匀毛尖，使之更具影响力、竞争力？

第三节　都匀毛尖的名人故事

历史染茶香，名人偏爱茶。都匀毛尖茶作为绿茶中的翘楚，受到诸多名人称赞与喜爱，在史册中平添名人与佳茗的清奇风韵，在国际交流中也为中国增添异彩。

一、日本首相田中角荣与都匀毛尖茶

1972 年 9 月，日本首相田中角荣访华，中日两国政府首脑在北京签订了《中日联合声明》，宣告两国邦交正常化。在访华期间，田中角荣品过茅台酒、饮过都匀毛尖后，开心地向周恩来总理道谢，同时又提出一个要求：用一架直升机换 25 公斤都匀毛尖茶。临行前，周总理专门嘱咐外交部礼宾司送给田中角荣两箱共 48 瓶茅台酒，而都匀毛尖换飞机的事宜却因为季节和产量等问题搁置。

以现在价格换算，日本一架普通直升机约 6500 万元人民币，1 公斤都匀毛尖约 10 万颗芽头，每个芽头价值 26 元人民币，每克达 2600 元人民币，超过黄金价格数百倍，堪称世界上最贵的茶。

二、陈椽与都匀毛尖茶

陈椽（图 2-12），世界著名的茶学专家，被誉为中国“一代茶宗”、当代“茶圣”，是我国制茶学学科奠基人，曾题词赞美贵定云雾茶：“贵哉定钩，清茗贡修；云海雾都，质量兼优。”

图 2-12　世界著名的茶学专家陈椽

三、庄晚芳与都匀毛尖茶

1981 年，都匀毛尖改革了旧有工艺，从色、香、味、形、效几个方面又上了一个台阶。都匀茶场原场长徐全福将新工艺制作的都匀毛尖茶，寄给当时的茶界泰斗庄晚芳（图 2-13）评鉴。庄晚芳先生评后，随即回信赋诗赞曰：

雪芽芳香都匀生，不亚龙井碧螺春。
饮罢浮花清爽味，心旷神怡攻关灵。

图 2-13　茶界泰斗庄晚芳

四、徐全福与都匀毛尖茶

徐全福（图 2-14），都匀毛尖现代工艺创始人。毕业后就来到黔南，将一生的精力都奉献给都匀毛尖茶产业。他在工作实践中发现都匀毛尖的传统工艺耗时耗柴，严重制约了产量和效率的提高。徐全福在继承传统工艺的基础上，不断探索创新，从“采摘”“火功”“取宝”三个方面对都匀毛尖茶的传统工艺进行改革创新。新工艺制作的都匀毛尖茶，外形条索紧细卷曲、白毫满布、色泽绿润，香气清嫩，滋味鲜爽回甘，叶底嫩绿匀整。新工艺的研制成功使都匀毛尖茶在质量、产量、规模等方面都上了一个新台阶，为都匀毛尖茶产业规模化、产业化发展奠定了坚实基础。

图 2-14　徐全福（左一）在黔南州第二届都匀毛尖斗茶大赛中评审茶样

五、赵朴初与阳宝山“佛茶”

阳宝山同四川峨眉山、云南鸡足山一道，被誉为西南三大佛教圣地。阳宝山石塔林可与中原少林寺砖塔林媲美，更是国内规模最大的石刻和尚坟塔林，人称“北有少林砖塔，南有阳宝石塔”。

名山上所产名茶均系开山白云祖师、宝华上人、然薄大师、法顺大师、若显大师等历代高僧所亲手培植创制。1997 年，中国佛教协会会长赵朴初老先生在亲自品尝贵定云雾春茶后，感慨万千，欣然挥毫，题写了“佛茶”二字，由此，黔南茶增添了历史贡茶与佛教文化共融一体的神秘色彩。

吃茶[五绝]

七碗受至味，一壶得真趣。
空持百千偈，不如吃茶去。

【说明】诗中，赵朴初化用唐代诗人卢仝的“七碗茶”诗意，引用唐代高僧从谂禅师“吃茶去”的禅林法语自然贴切、生动明了，既是诗人领略茶叶的写照，又是体现茶禅一味，茶禅相通的佳作。

六、张大为与都匀毛尖茶

张大为，中国茶叶文化宣传的“先驱者”，退休后热衷于中国茶文化宣传和研究，1989年创建了国内首家茶道馆——北京茶道馆。在品评都匀毛尖茶后，他题诗道：不是碧螺，胜似碧螺；香高味醇，别具一格。

七、吕远与都匀毛尖茶

吕远，曾在东北师范大学音乐系学习，毕业后，先后在中国建筑文工团和海军政治部文工团任作曲。在半个多世纪的音乐生涯中创作了1000多首歌曲，大约100部歌剧、舞剧和影视片音乐。

2004年吕远到贵定考察时，又欣然写下《贵定好》和《云雾山上》（图2-15）两首歌曲，由李琼等著名歌唱家演唱，并逐渐被广为传唱。

附：《云雾山上》吕远词曲

云雾山上哟雾茫茫啊，云雾茶香飘四方哟。

四方的那贵客都来喝哟，贵客那个一到茶更香。

喝下一口头脑爽，喝下两口你心欢畅，你喝下三口云雾茶，你面前永远亮堂堂！

图2-15　黔南茶山

八、龙永图与都匀毛尖茶

2008 年 10 月，亚洲博鳌论坛秘书长龙永图先生与被称为两岸茶王、世界茶王的李瑞河先生，在贵州电视台著名的《论道》栏目中对黔茶产业发展进行高端对话。龙永图先生深有感触地说:“你可随处建厂制造出原子弹，但离开了都匀茶的原产地，你就合成不出一片都匀毛尖茶……”

九、林志玲与都匀毛尖茶

林志玲代言都匀毛尖（图 2-16）诠释了苏东坡对茶“从来佳茗似佳人”的注解。林志玲代言中说：“人生每上一步，都离不开贵人的扶持”“我爱都匀毛尖，把好茶献给生命中每一位贵人”“贵天下都匀毛尖，给你的贵人喝好茶”“这么多小毛毛，真是好茶啊”“贵天下都匀毛尖，没有茶毛毛还叫好茶吗？”“贵天下，领袖级好茶”。沏茶、举杯的一瞬间，黔南的景美、志玲的人美、毛尖的名盛，三美兼具、堪称一绝。代言都匀毛尖，是林志玲唯一代言的中国十大名茶，创下了中国茶史上第一位女明星为茶代言的记录。

图 2-16　林志玲代言都匀毛尖茶

十、习近平与都匀毛尖茶

2014 年 3 月 7 日全国两会期间，习近平总书记在参加贵州代表团审议时，两次点赞都匀毛尖茶，并非常期待地说：我知道贵州的都匀毛尖，毛尖味道一般比较清淡；对于都匀毛尖，希望你们把品牌打出去；像贵州这种高海拔、低纬度、多云雾的地方，可以保持较为适宜的温度，能出好茶。

【思考与讨论】

都匀毛尖有历史荣誉、文化底蕴，作为毛尖茶都的一员，你应该怎样利用这些资源进行城市美化建设，使毛尖茶都更具特色？

第四节　都匀毛尖的民族习俗

【问题探讨】

一方水土养育一方人，都匀毛尖茶产于多民族聚集的贵州省黔南州，深受多民族文化的影响。黔南的地域风情，造就了丰富多彩、富含民族特色的黔南茶俗。

【讨　　论】

（1）都匀毛尖茶的民族习俗主要有哪些？

茶的运用渗透到黔南人的日常生活中，黔南茶俗丰富多彩，主要表现在待客、聚会、婚恋、丧礼、祭祀、节庆等各个方面（图 2-17）。

图 2-17　古老的祭茶仪式

一、苗族茶俗

苗族种茶、饮茶历史悠久，饮茶成俗，并将茶作为寄托感情、表达哲理的载体世代相袭。苗族茶俗是苗族同胞生活方式及理念的集中体现。茶贯穿于苗族人衣食住行、节庆娱乐、婚丧嫁娶、生老病死等各个方面（图 2-18）。

图 2-18　苗家少女采茶忙

小孩出生，左邻右舍会送沾有露水的茶芽梢作为贺礼，若生男孩，则送一芽一叶的芽梢，若生女孩，则送一芽二叶的芽梢，寓意一家有女百家求；苗族同胞以茶为聘，订婚必吃茶，未订婚的女子必须恪守“一女不吃二家茶”的规矩，象征对爱情的忠贞不渝；苗族同胞临死前由族中长者用青蒿叶沾茶水洒到嘴角，并在入殓的棺材里放茶叶；悼念故人或祭祀祖先时，苗族同胞常用“清茶四果”或“三茶六酒”，以表达对故人或祖先的虔诚。

二、布依族茶俗

布依族人民热情好客、真诚大方。凡是来到家中的，不论是亲朋故友还是素不相识的陌生人，都会以茶酒相待。布依族人民的习俗里，茶无处不在，从出生、婚姻、节庆、聚会、祭祀到丧葬，茶礼茶俗是一根贯穿于民俗文化的神秘丝线。其中，最具特色是“姑娘茶”。每当清明时节，布依族姑娘便上山采摘和她们一样“青翠欲滴”的雀嘴芽，精心将茶叶叠放成圆锥体，经过制作，制成一卷一卷的“姑娘茶”。该茶形态优美，是茶中极品，是布依族姑娘纯洁感情的象征，一般只在订婚时作为信物赠给恋人，或作为珍贵礼品馈赠亲朋好友。此外，布依族还有打油茶、擂茶（图 2-19）和纸烤茶。

图 2-19　布依族擂茶

三、水族茶俗

黔南的独山、荔波、三都（图 2-20）等水族仍保留着用茶叶作为死者陪葬品的习俗，主要有净身茶、大令茶、下葬茶、洗手茶、祭祀茶等茶俗。

图 2-20　全国唯一的水族自治县——三都县炸雷村

四、瑶族茶俗

咪咪茶是瑶族居民的日常用茶，又称功夫茶或罐罐茶。瑶族居民的堂屋地面都有一个火塘（火坑），通常火塘上会放一个陶罐，里面放置茶叶，冲上水。平时外出劳作，瑶族人将茶水放置在火塘上熬得如茶膏状一般，需要一定的功夫才能喝到这样的茶，这被认为是功夫茶的起源。此外，瑶族还有“建房茶”“定亲茶”“新娘茶”等茶俗（图 2-21）。

图 2-21　瑶族婚嫁

【思考与讨论】

都匀毛尖茶的推荐活动存在什么样的问题，怎样去改进？

【课外阅读资料】

茶　人

陆羽，著世界第一部茶叶专著《茶经》，对世界茶业发展做出了卓越贡献，被奉为“茶圣”。《茶经》三卷十章七千余字：卷一，一之源，二之具，三之造；卷二，四之器；卷三，五之煮，六之饮，七之事，八之出，九之略，十之图。系统而全面地介绍了栽茶、制茶、饮茶、评茶的方法和经验。

皎然，陆羽知交，为后人留下了 470 首诗篇，“茶道”两字，首先出现在皎然的茶诗（见于《饮茶歌诮崔石使君》“孰知茶道全尔真，唯有丹丘得如此”）中。

白居易，唐代杰出的现实主义诗人，酷爱茶事，写了 63 首提及茶事的诗，自誉为“别茶人”，善于鉴茶、识水。

卢仝，唐代诗人，著有《茶谱》，被世人尊称为“茶仙”，一生爱茶成癖，被后人尊为茶中亚圣。唐元和六年（811 年），卢仝收到好友谏议大夫孟简寄送来的茶叶，又邀韩愈、贾岛等人在桃花泉煮饮，著名的“七碗茶歌”就此产生。日本人对卢仝推崇备至，常常将之与“茶圣”陆羽相提并论。

蔡襄，北宋著名书法家、政治家、茶学家。为官清正，以民为本，注意发展当地经济。把北苑茶业发展到新的高峰，所著《茶录》总结了古代制茶、品茶的经验。

宋徽宗赵佶，北宋第八位皇帝，工于书画，通百艺，在音乐、绘画、书法、诗词等方面都有较高的造诣。宋徽宗精于茶艺，曾多次为臣下点茶。他以皇帝之尊，编著茶的专论《大观茶论》。御笔作茶书，为我国历代帝王中仅有。

明太祖朱元璋，是继宋徽宗赵佶之后，对中国乃自世界茶文化及产业发展具有重要影响的又一皇帝。宋代斗茶之风盛行，龙团、凤饼贵于黄金，“重劳民力”，朱元璋下令“罢造龙团”，以芽茶进贡，一改宋代茶文化的奢靡之风，从而大大促进了明代芽茶和叶茶的蓬勃发展。因此，客观上促进了明、清散茶、叶茶发展的同时，六大茶类也得到全面发展。

清高宗爱新觉罗·弘历，年号乾隆。统治期间，乾隆到处巡游，品尝了江南的各种名茶。在杭州品尝“龙井”时，偏爱有加，亲自采茶，并敕封十八棵茶树为“御茶”；在福建崇安，为“大红袍”题匾，且赐名安溪茶为“铁观音”；在苏州某茶馆饮茶歇脚，留下简易而含深意的“叩手礼”，“以手代脚，诚意可嘉”，至今被人们流传。在乾隆六次南巡途中，也留下了不少咏茶诗篇，如《观采茶作歌》《坐龙井上烹茶偶成》《再游龙井》《玉泉山天下第一泉记》等。

【课外实践活动】

探究都匀毛尖茶1915年获奖之旅

一、时间

根据教学时间灵活安排。

二、活动地点

茶博园。

三、活动内容

参观茶博园，了解都匀毛尖茶发展史。

四、活动要求

1. 活动前准备

（1）请班主任将班级学生分成几个小组，每小组安排小组长，填写“小组安排表”，活动时以小组为单位，将小组长名单告知相应车长。

（2）各班安排学生，在当天活动前为班级领食物。

（3）请班主任提前做好学生的安全教育。

（4）请班主任将所在的车号、上车时间和集合时间准确通知学生，学生活动时应听从小组长和带班老师的指挥，不得单独行动，服从活动安排。

2. 集合出发

（1）根据教学时间安排好时间在操场集合。

（2）按照要求和班级参与活动的人数，到指定地点领取点心。

（3）在指定地点排队有序上车。

3. 车上纪律

文明乘车，不得大声吵闹，不得随意将头、手等部分伸出车外，不得在车厢内随意走动，垃圾入袋，服从司机、导游和车长的安排。

4. 集合回校

以小组为单位，按时集合，找到所在车辆，向车长报道。全部师生到齐后发车回校。

5. 活动反馈

复习题

1. 简述都匀毛尖的主要茶事活动。
2. 简述都匀毛尖的主要百年荣誉。
3. 简述都匀毛尖的主要名人故事。

第三章 茶之出

《茶经》中著有黔中茶出产于思州、播州、费州、夷州。可见茶在贵州分布广泛，并具有悠久历史。贵州得天独厚的气候与自然环境造就了黔南州都匀毛尖茶的优良品质，其主产区位于贵州省黔南布依族苗族自治州，是贵州茶区优势的典型代表。

第一节　都匀毛尖的悠久历史

【问题探讨】

随着社会经济的发展，茶叶作为一种健康的饮料逐渐受到越来越多人的青睐。都匀毛尖茶是历史名茶，据史料记载，早在明朝就被列为上贡之佳品，深受明崇祯皇帝喜爱，曾赐名为“鱼钩茶”。

【讨　　论】

（1）中国茶树的起源中心在哪里？

（2）迄今为止，都匀毛尖茶的文献记载历史有多少年？

中国是茶的故乡，是最早发现、栽培与利用茶的国家，是茶树和茶文化的发源地。

黔南茶叶种植历史悠久，最早见于东晋常璩《华阳国志》记载“巴国东至鱼复，西至棻道，北接汉中，南及黔涪……茶，皆纳贡之……园有芳棻、香茗……”，其中黔涪、棻道，包括今贵州的黔东、黔北和黔南地区，已有人工成片栽培的茶园，且出产香茗进贡朝廷。

黔南茶文化积淀深厚，相关记载屡屡见于各类典籍。汉武帝建元六年（公元前135年），夜郎市场上除了僰僮、笮马、髦牛之外，还有茶等商品（汉代·《贵州古代史》）。唐代陆羽《茶经》赞美黔茶“茶生思州、播州、费州、夷州……往往得之，其味极佳”。北宋《太平寰宇记》描述土司进献朝廷主要贡品为茶“夷州、播州、思州以茶为土贡”。元代贵定平伐少数民族首领的娘携云雾山“狗仔马”和“鸟王茶”觐见泰定帝（《贵阳府志·贵定县志稿》）。明代洪武年间名茶包括新添（贵定）茶和贵定云雾茶等97种，嘉靖年间番州府（惠水）以茶芽为贡，崇祯元年黔南茶叶被皇帝赐名为“鱼钩茶”。清代康熙年间新添、阳宝山有茶产出，制之如法味亦佳，顺治年间程番府（惠水）贡茶芽，乾隆年间为保障贡茶用地，刻石碑界定贡茶产地区域；光绪年间贵州巡抚林绍年进献贵定雪芽茶，曰“贵定茶芽一匣，老佛爷留用，贵定茶芽一匣，皇上敬用。”1915年“巴拿马太平洋万国博览会”，获得大奖。1956年，毛主席赐名“都匀毛尖茶”。可见贵州自古就是佳茗产地，而以都匀毛尖为正源的黔南茶更是诸多名茶中的佼佼者。

贵定云雾贡茶碑是全国唯一保存完好的贡茶碑，1982年贵州省人民政府公布为省级重点文物保护单位（图3-1）。

图 3-1 贵定云雾贡茶碑

从唐贞观九年（635 年）起，历时唐宋元明清等朝代，黔南大地一直作为朝廷贡茶出产地之一。至今州内各族群众仍保留着种茶、采茶、制茶、泡茶、饮茶的传统技法，每年春茶采摘时节，都有举行拜山神、祭茶神的习俗，茶文化积淀深厚；其中，祭茶神是黔南少数民族仍保留的最古老的祭茶神仪式之一（图 3-2）。

图 3-2 祭茶神仪式

第二节 都匀毛尖的茶区优势

【问题探讨】

“……你可随处建厂制造出原子弹，但离开了都匀毛尖茶的原产地，你就合成不出一片都匀毛尖茶……”，亚洲博鳌论坛秘书长龙永图先生在“茶王”论道上用这样一句话道破了都匀毛尖的独特品质离不开黔南茶产地独特气候与地理环境。

【讨　　论】

（1）黔南茶产地有何独特的气候与地理环境，造就了都匀毛尖茶的什么独特品质？

（2）都匀毛尖茶产地是怎么分布的？

（3）黔南州的茶产业具有什么样的产业优势？

一、地理优势

（一）生长环境

北纬 30°，被史学家、地理学家称为“神奇的纬度”。在该纬度线上，分布有云南、贵州、浙江、福建等优质绿茶主产区，享誉全球的都匀毛尖、西湖龙井、铁观音等均在此纬度附近。黔南州都匀市位于北纬 26.15°，东经 107.31°。在高海拔、寡日照、多云雾、好山水的云贵高原上，人们用长年吸纳自然精华的古茶树制作出神奇的都匀毛尖。都匀毛尖，就是北纬 30° 神秘地带孕育出来的绿茶经典。

中国第一位为茶撰书的君王宋徽宗，在《大观茶论》开篇里说：“茶之为物，擅瓯闽之秀气，钟山川之灵禀。”（图 3-3）

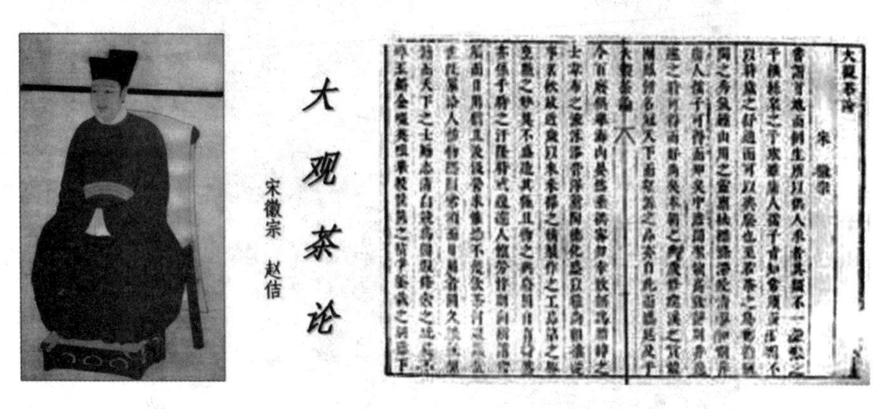

图 3-3　宋徽宗和他的《大观茶论》

黔南位于云贵高原南端、苗岭中段，聚集着 1 个世界级自然遗产地和 8 个国家级森林公园、地质公园、自然风景名胜地，是中国自然遗产最密集的地区之一。其南部是独山紫林山国家森林公园；东南部是世界自然遗产地中国南方喀斯特——荔波茂兰喀斯特（图 3-4）和荔波樟江国家风景名胜区，又是“中国最美的十大森林”之一；东南部还有三都尧人山国家森林公园，奇观“石头下蛋”和情感植物“风流草”是它著名的地标；西南部是平塘国家地质公园，除了拥有世界奇观“救星石”和世界最大的国际大射电望远镜基地之外，掌布、甲茶也都是闻名遐迩的自然风景名胜；北部是瓮安朱家山国家森林公园、龙里龙架山国家森林公园；此外，还有惠水梅岭、长顺白云山、罗甸大小井等一系列省级森林公园和风景名胜，形成一个完整的环形，将都匀毛尖茶和贵定云雾茶的主产地——斗篷山、云雾山萦绕其中。

图 3-4　荔波茂兰喀斯特森林

斗篷山位于都匀与贵定县交界，是苗岭中段的主峰，也是长江水系和珠江水系相距最近的分水岭，是“斗篷山·剑江”国家风景名胜区核心。斗篷山原始森林覆盖率近 90%，人烟稀少，出产了在国际斗水大赛中获“中华泡茶第一水”的“黔山秀水”天然矿泉水，拥有世界最大的野生娃娃鱼群（图 3-5）。

图 3-5　都匀斗篷山

云雾山位于斗篷山西南，是苗岭中段的第二高峰，与斗篷山直线距离数十公里，终年云雾缭绕。两山之间箐林密布，与黔南的山山水水共同搭建起一座巨大的天然绿色篷帐，成为护卫黔南茶叶醇净、醇厚、醇香品质的屏障，确保了黔南茶绝无仅有的品质，这在中国十大名茶中独树一帜，在全世界茶叶产区也是独一无二的。

茶树喜温怕寒、喜湿怕涝、喜光怕晒、喜酸怕碱。在气温 10 °C 才萌动和进行生长活动，年平均气温在 12 ~ 28 °C、日平均温度在 15 ~ 30 °C、全年生育的活动积温在 3500 ~ 4000 °C 内适宜茶树生长。都匀毛尖茶产区雨量充沛，云雾多，空气湿度大，漫射光丰富，蓝、紫光比例较大，茶叶中氨基酸、叶绿素和含氮芳香物质含量增加，茶多酚含量相对减少，有利于都匀毛尖茶品质的形成。

（二）中国之最

黔南“低纬度、高海拔、寡日照、多云雾、无污染”兼备的地理环境，使都匀毛尖茶在中国十大名茶中拥有六之“最”。

第一“最”：黔南州是中国绿茶产地中海拔最高的地区。主产地平均海拔达 1200 m，约高出黄山毛峰产地平均海拔 400 m。

第二“最”：黔南州是中国绿茶产区降水最均匀的地区。黔南茶产区年均降水量 1100 ~ 1400 mm，雨量恰到好处。最为难得的是，得天独厚的“天无三日晴”使茶产区的降水均匀程度名列第一。

第三“最”：黔南州是中国绿茶产区云雾最多的地区。主产地云雾山、斗篷山一带，年云雾天气达到 200 d 以上，湿度常年保持在 80% 以上，漫照光丰富。多云雾的天然条件可促进茶叶内的蛋白质及含氮芳香物的形成和积累。

第四“最”：黔南州是中国绿茶产区气候最温和的地区。年平均气温 16.2 °C，冬无严寒，夏无酷暑，茶树因而得以健康成长。

第五“最”：黔南州是中国绿茶产区森林覆盖率最高的地区。斗篷山一带森林覆盖率接近 90%，普遍高出国内各大著名茶产区。连片的林区大多是原生性的喀斯特原始森林，这在中国十大名茶中也是独一无二的（图 3-6）。

第六“最”：都匀毛尖产地黔南州是风景名胜区最多、面积最大、污染最少、野生珍稀动植物最丰富、植被最完善的地区之一。

图 3-6 螺丝壳生态茶园

二、茶区分布

（一）都匀市

都匀市现有茶园面积 31.53 万亩（1 亩≈666.7 m^2），投产茶园面积 19.37 万亩，产量 0.72 万吨，产值 18.40 亿元；现有茶企 292 家，合作社 172 个，茶馆 15 家，35 家茶企业通过 SC 认证，茶叶种植覆盖全市 109 个村中的 102 个，茶叶种植面积 1000 亩以上的有 43 个村（图 3-7）。

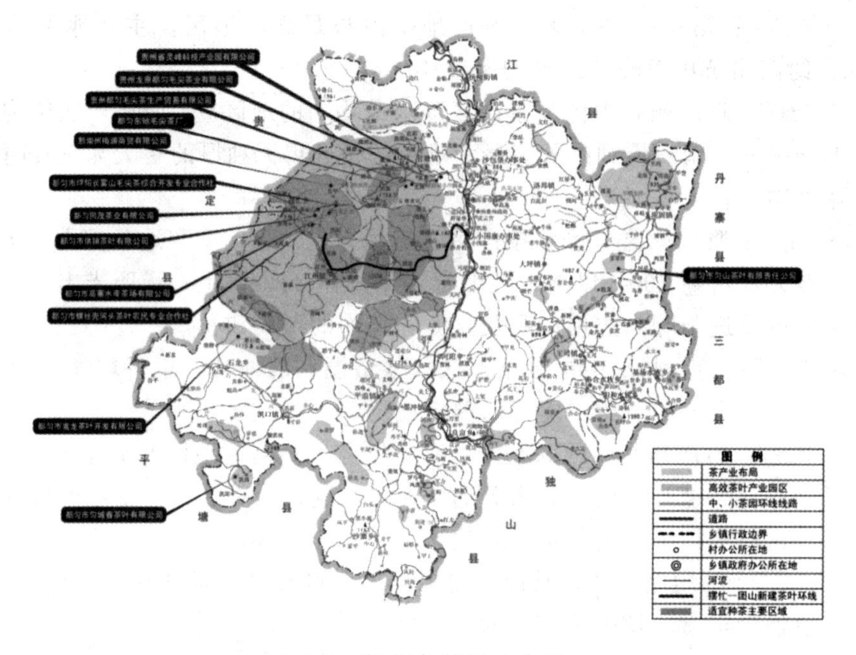

图 3-7　都匀市茶区分布图

都匀市茶园主要分布在毛尖镇、平浪镇、墨冲镇、江洲镇等地区。茶树品种主要以都匀本地小叶种、贵定鸟王种、福鼎大白等品种为主。主要茶叶企业有贵州贵天下茶业有限公司、黔南州梅渊商贸有限公司、都匀市匀山茶叶有限责任公司、都匀供销茶叶有限责任公司、都匀市高寨水库茶场有限公司、都匀市东驰茶业有限公司、贵州省灵峰科技产业园有限公司等，其中贵州贵天下茶业有限公司、黔南州梅渊商贸有限公司、都匀市匀山茶叶有限责任公司、都匀供销茶叶有限责任公司、都匀市高寨水库茶场有限公司、都匀市东驰茶业有限公司、贵州省灵峰科技产业园有限公司等具有生产许可证。

（二）瓮安县

瓮安县现有茶园面积 20.81 万亩（其中达到欧标茶基地 10 万亩，预计 2～3 年实现全县达欧标），投产茶园 17.62 万亩，产量 1.32 万吨，产值 13.50 亿元；现有茶企 58 家（省级龙头企业 6 家、州级龙头企业 19 家），通过 SC 认证的茶企 9 家，清洁化生产线 38 条，使用都匀毛尖品牌企业 6 家，省内外专卖店 33 个（其中县外 8 个）。茶树品种主要以都匀本地小叶种、贵定鸟王种、福鼎大白、安吉白茶、黄金芽等品种为主（图 3-8）。

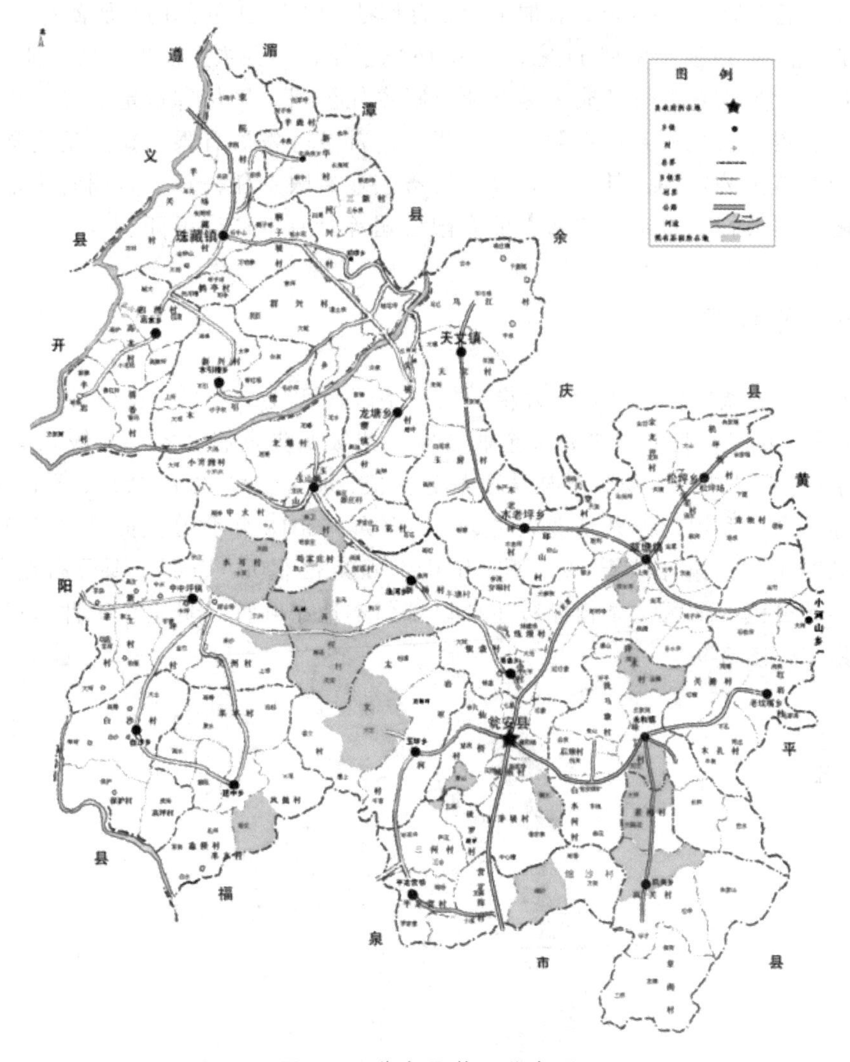

图 3-8 瓮安县茶区分布图

主要茶叶企业有贵州味道茶业有限公司、贵州省瓮安县贵山茶业有限责任公司、贵州瓮安鑫产园茶业有限公司、瓮安县清新茶业有限公司、瓮安县花竹茶业有限公司、瓮安县猴场茶业有限公司等，其中贵州味道茶业有限公司、贵州省瓮安县贵山茶业有限责任公司、贵州瓮安鑫产园茶业有限公司、瓮安县清新茶业有限公司、瓮安县花竹茶业有限公司、贵州桔扬雨辰茶业有限公司、瓮安龙原茶业有限公司等具有生产许可证。

（三）贵定县

贵定县现有茶园面积 18.61 万亩，投产茶园面积 17.80 万亩，产量 7600 t，产值 13.15 亿元；贵定县茶产业主要分布在昌明—云雾—沿山—盘江及北面镇(街道)一带，目前有加工能力的企业 66 家，有加工能力合作社 21 家，工商部门注册商标 26 个，小型初制加工企业 39 家，中型 11 家，大型 16 家。茶树品种主要以贵定鸟王种为主。

主要茶叶企业有贵州经典云雾茶业有限责任公司、贵州省贵定县凤凰茶业有限责任公司、贵定黔之冠茶业有限公司、贵州南部茶叶发展有限公司、贵定县黔星云雾贡茶产业有限公司等，其中贵州经典云雾茶业有限责任公司、贵州省贵定县凤凰茶业有限责任公司、贵定黔之冠茶业有限公司等具有生产许可证。

（四）平塘县

平塘县现有茶园面积 18.32 万亩，投产茶园面积 16.44 万亩；全县现有茶企 31 家，合作社 16 家，其中省级龙头企业 2 家，州级龙头企业 8 家，县级龙头企业 11 家，获得 QS 认证企业 8 家。全县从事茶叶种植、加工农户 7000 余户，覆盖通州镇、大塘镇等十余个乡镇，涉茶从业人员近 10 万人。2018 年我县茶叶产量达 2896 t，产值 5.3081 亿元；累计销售 1927 吨，销售额 6.0432 亿元。茶园主要分布在大塘镇、掌布镇、牙舟镇等地区。茶树品种主要以都匀本地小叶种、贵定鸟王种、福鼎大白等品种为主（图 3-9）。

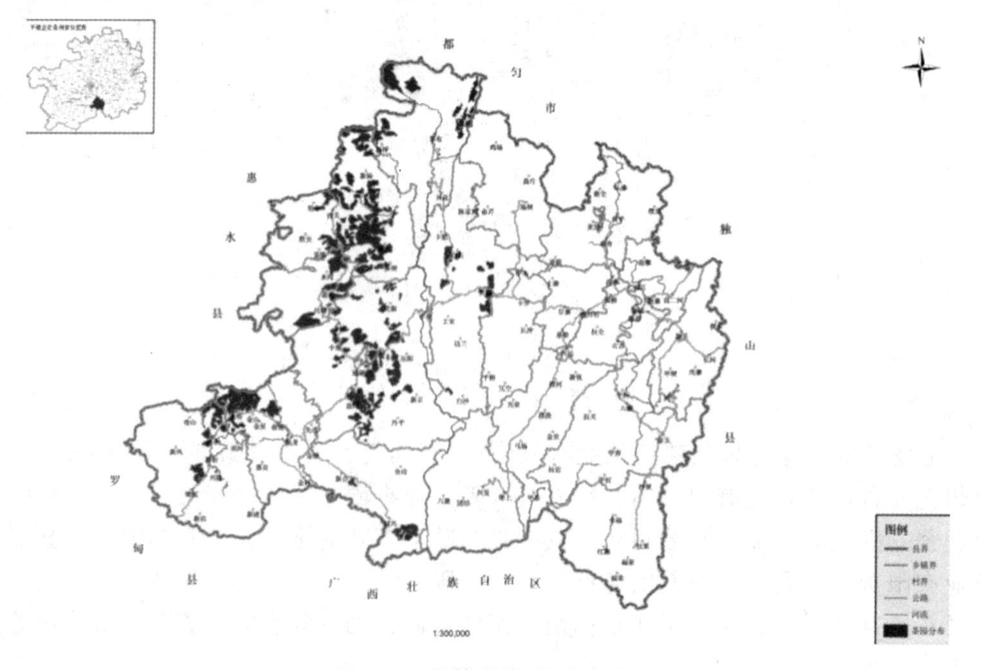

图 3-9　平塘县茶区分布图

主要茶叶企业有贵州省平塘县惠民茶业有限公司、平塘县云海茶业有限公司、平塘县山海原生茶业有限公司、贵州省平塘县润峰农业科技发展有限责任公司、贵州平塘盛火农业科技发展有限公司等，其中贵州省平塘县润峰农业科技发展有限责任公司、贵州平塘盛火农业科技发展有限公司、平塘县云海茶业有限公司等具有生产许可证。

（五）独山县

独山县现有茶园面积 11.82 万亩，投产茶园面积 8.00 万亩，产量 2000 t，产值 4.09 亿元；全县现有茶企（合作社）142 家，省级龙头企业 2 家，州级龙头企业 1 家。茶园主要分布在百泉镇、上司镇、影山镇等地区。茶树品种主要以福鼎大白、安吉白茶等品种为主。

主要茶叶企业有贵州颍梵农业资源开发有限公司、贵州御龙尊茶业有限公司、独山云山白茶开发有限公司、独山沟山春茶加工厂、独山香茗茶业科技有限公司等，其中贵州颍梵农业资源开发有限公司、贵州御龙尊茶业有限公司、独山云山白茶开发有限公司等具有生产许可证。

（六）惠水县

惠水县现有茶园面积 9.00 万亩，投产茶园面积 6.27 万亩，产量 1100 t，产值 2.50 亿元；全县现有茶企 34 家，通过 SC 认证企业 4 家，获得有机食品认证企业 1 家；专业合作社 18 家，国家级示范合作社 1 家，州级示范社 3 家。茶园主要分布在和平镇、芦山镇、王佑镇等地区。茶树品种主要以都匀本地小叶种、贵定鸟王种、福鼎大白、安吉白茶等品种为主。

主要茶叶企业有贵州康润香茗茶业有限公司、惠水县奇峰种植农民专业合作社、惠水知茶茶叶有限公司、惠水县斗底畜牧场、贵州惠水荣坤茶叶有限公司、贵州惠水咕噜苗乡茶叶种植农民专业合作社、贵州美福生态农业有限公司、贵州百鸟河茶业有限公司、惠水县斗底畜牧场等，其中贵州康润香茗茶业有限公司、惠水知茶茶叶有限公司、惠水县斗底畜牧场、贵州惠水荣坤茶叶有限公司、贵州惠水咕噜苗乡茶叶种植农民专业合作社、贵州美福生态农业有限公司、贵州百鸟河茶业有限公司具有生产许可证。

（七）三都县

三都县现有茶园面积 11.41 万亩，投产茶园面积 7.83 万亩，产量 2100 t，产值 2.90 亿元；三都县茶园主要分布在九阡镇、都江镇、中和镇、大河镇等地区，茶树品种主要以福鼎大白品种为主。

主要茶叶企业有三都县丰乐茶业有限责任公司、贵州省三都水乡茶业有限公司、三都县重云峰茶叶种植农民专业合作社、三都县生态源茶叶种植农民专业合作社等，其中三都县丰乐茶业有限责任公司具有生产许可证。

（八）福泉市

福泉市现有茶园面积 3.50 万亩，投产茶园面积 3.10 万亩，产量 800 t，产值 1.20 亿元；茶园主要分布在牛场镇、道坪镇等地区。茶树品种主要以福鼎大白、都匀本地小叶种等品种为主。

主要茶叶企业有福泉市盛谷苑农业发展有限公司、福泉市盛谷苑农业发展有限公司、福泉华祥茶叶有限公司、福泉市道坪镇芝铭种植专业合作社、福泉市龙昌镇云雾山种养殖农民专业合作社等，其中福泉市盛谷苑农业发展有限公司具有生产许可证。

（九）龙里县

龙里县现有茶叶面积 1.2 万亩，全县五镇一街道办事处均有分布，主要分布在地处云雾山脉的湾滩河镇（图 3-10）。

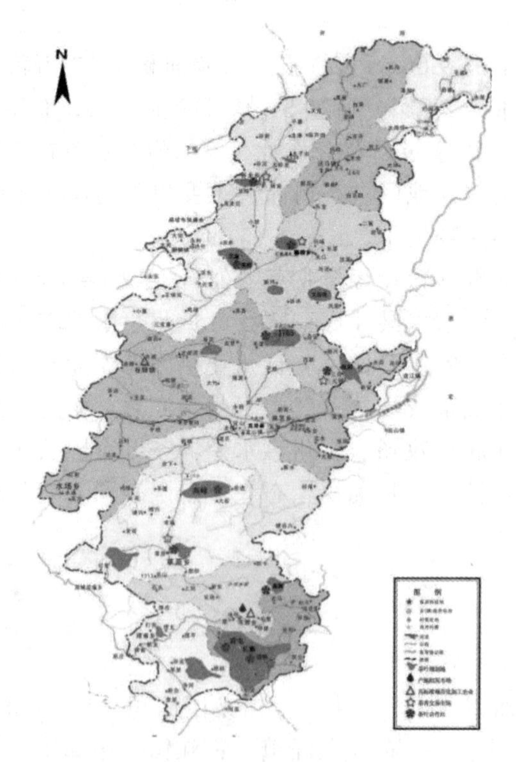

图 3-10　龙里县茶区分布图

在全县 1.2 万亩茶园面积中，湾滩河镇茶园面积 7700 亩，占 64%，其他乡镇分别为：龙山镇 1000 亩、洗马镇 300 亩、醒狮镇 1500 亩、谷脚镇 500 万亩、冠山街道办事处 1000 亩。

龙里县主要品种有福鼎大白茶、云雾山鸟王种、鸟田茶（地方自命名）和部分地方老品种，其中以引进的福鼎大白茶为主。全县茶叶种类主要为绿茶，年产干茶在 200 t 左右，销量在 200 t 左右，产值达 8000 万元。主要茶叶企业有贵州省福茶商贸有限责任公司、龙里县卧云谷绿茶有限责任公司、龙里县棕山茶叶有限责任公司、龙里县盘脚茶场、龙里县云雾明先茶叶专业合作社等，其中贵州省福茶商贸有限责任公司、龙里县卧云谷绿茶有限责任公司具有生产许可证。

（十）罗甸县

罗甸县现有茶园面积 5.78 万亩，投产茶园面积 3.50 万亩。2018 年度实现茶叶产量 1340 t（其中春茶 850 t，夏秋茶 490 t），产值 1.296 亿元（春茶 1.0796 亿元，夏秋茶 2164 万元）。全县茶叶主要以批发和订单销售为主，全年茶叶销售 1226 t，销售额 1.1737 亿元。茶园主要分布在逢亭镇代等地区。

主要茶叶企业有黔南州上隆茶果场、罗甸县华丰茶果专业经营销合作社、罗甸县雷公山鑫源茶叶有限公司等，其中黔南州上隆茶果场具有生产许可证。

（十一）荔波县

荔波县现有茶园面积 1.72 万亩，投产茶园面积 1.38 万亩，产量 100 t，产值 2100 万元；茶园主要分布在甲良镇、玉屏镇等地区。茶树品种主要以福鼎大白、安吉白茶、黄金芽等品种为主。

主要茶叶企业有荔波县佳茗农业科技开发有限公司、贵州同和开元农业发展有限公司、上海天坛国际贸易有限公司、贵州桥盛农业综合开发有限责任公司、荔波县梅桃金品茶叶产销专业合作社、荔波县月亮山茶专业合作社等，其中荔波县佳茗农业科技开发有限公司具有生产许可证。

（十二）长顺县

长顺县现有茶园面积 3.68 万亩，投产茶园面积 2.00 万亩，产量 400 t，产值 8400 万元；茶园主要分布在代化镇等地区（图 3-11）。茶树品种主要以福鼎大白等品种为主。

主要茶叶企业有贵州云顶茶叶有限公司、长顺县广顺海马津香茶叶农民专业合作社等。

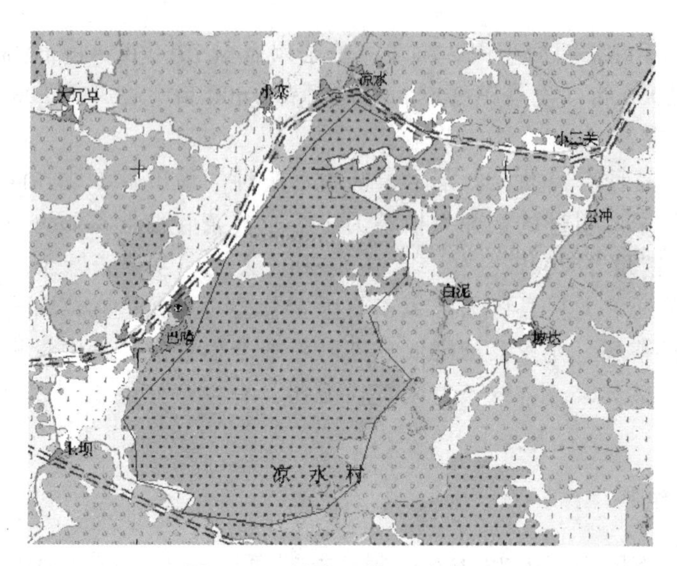

图 3-11　长顺县茶区分布图

三、产业优势

黔南州茶产业发展主要具有以下几大优势。

（一）自然条件优越

黔南州地处云贵高原东南部，山川秀美、气候优越、生态良好、水土肥沃，平均海拔 1000 m 以上，年平均气温 16.2 °C，年降雨量 1400 mm，核心产区森林覆盖率达 95%，“低纬度、高海拔、寡日照、多云雾、无污染”兼备的地理环境特别适宜优质茶叶生产（图 3-12）。俗话说“高山云雾出好茶”，境内生产的茶叶茶氨酸、茶多酚、蛋白质等水浸出物平均含量均高于国家绿茶标准。

图 3-12　黔南州地貌

（二）文化底蕴深厚

黔南州茶叶种植历史悠久，茶文化积淀深厚，从唐贞观九年（635 年）起，历时唐宋元明清等朝代，黔南大地一直作为朝廷贡茶出产地之一，至今州内各族群众仍保留着种茶、采茶、制茶的传统技法，每年春茶采摘时节，都有举行拜山神、祭茶神的习俗，茶文化积淀深厚。目前，已建成以“中国茶文化博览园”（图 3-13）和“都匀毛尖茶城”为主体的茶文化设施，建成都匀毛尖茶文化小镇一条街、毛尖酒店、瓮安茶旅结合等茶旅一体化度假景区，连续举办十届都匀毛尖茶文化节，茶贯穿于黔南人的日常生活。

图 3-13　中国茶文化博览园

（三）品牌优势突出

都匀毛尖茶，曾先后于 1915 年巴拿马太平洋国际博览会荣获，1956 年毛主席亲笔赐名“都匀毛尖茶”，1982 年被评为“中国十大名茶”，2009 年入选贵州省非物质文化遗产名录，被评为“中华老字号”产品，2010 年入选中国上海世博会十大名茶和联合国馆指定用茶，“都匀毛尖”“都匀毛尖茶”分别于 2005 年和 2010 年被国家工商总局和国家质检总局批准注册为证明商标和地理标志产品保护，2012 年都匀毛尖成为消费者最喜爱的 100 个中国农产品区域公用品牌，2014 年习近平总书记点赞都匀毛尖，并做出“对于都匀毛尖，希望你们把品牌打出去”的重要指示。2015 年，都匀毛尖品牌价值评估 20.71 亿元，荣获“最具发展力品牌”，排名全国第 13 位，是贵州省唯一入选中国前 20 强的茶叶品牌。2015 年 12 月 12 日，中国品牌建设促进会在北京发布了中国品牌价值评价结果，都匀毛尖以 910 的品牌强度和 181 亿元的品牌价值荣登区域品牌茶叶类地理标志产品榜单第二位；12 月 23 日，都匀毛尖组团参加“1915—2015 美国巴拿马太平洋万国博览会百年庆典”，再次荣获“特别金奖”。2016 年，都匀毛尖地理标志品牌价值达 211.49 亿元，都匀毛尖区域公共品牌价值达 23.54 亿元，位列全国 12 位，连续两年被评为中国“最具发展力品牌”。

2017年，都匀毛尖区域公共品牌价值达25.67亿元，位列全国11位，被评为中国“最具品牌传播力品牌”，是贵州省唯一连续三年入选中国前20强的茶叶品牌；2017年5月20日，在首届中国国际茶叶博览会上，都匀毛尖荣获农业部颁发的“中国十大茶叶区域公用品牌”（图3-14），再次成为新时代的“中国十大名茶”。2018年，都匀毛尖区域公共品牌价值评估29.90亿元，首次进入中国茶叶区域公用品牌价值十强，位列榜单第九名，并被评选为“最具经营力品牌”（图3-15）。2019年，都匀毛尖荣获“全国绿色农业十佳茶叶地标品牌”；2019年4月，都匀毛尖荣获“首届中国品牌农业神农奖”；2019年，都匀毛尖区域公共品牌价值评估32.90亿元，位列榜单第十一位，并被评选为“最具经营力品牌”（图3-16）。

图3-14　2017年都匀毛尖被农业部授予“中国十大茶叶区域公用品牌”荣誉

图3-15　2018中国茶叶区域公用品牌价值十强（右二黔南州茶办主任杨克勇领奖）

在2019中国茶叶区域公用品牌价值评估中，都匀毛尖品牌价值为32.90亿元人民币。

中国茶叶品牌价值评估课题组
Chinese Tea Brand Value Evaluation

图 3-16　2019 年都匀毛尖区域公用品牌价值达 32.90 亿元

第三节　都匀毛尖的产业概况

【问题探讨】

贵州出好茶，都匀出名茶。黔南州是世博十大名茶之都匀毛尖茶的原产地，强力打造都匀毛尖茶这一特色产业，使一直处于“养在深闺人未识”的都匀毛尖茶产业焕发强大的生命力，实现经济效益、生态效益、社会效益的跨幅度增长。

【讨　　论】

都匀毛尖茶产业在很长时间以来，为什么一直处于“养在深闺人未识”的发展状况？

黔南布依族苗族自治州（简称黔南州）位于中国贵州省东南部，是中国十大名茶、世博十大名茶——都匀毛尖茶的原产地。茶产业是黔南州传统优势特色产业，都匀毛尖茶产业是黔南州委、州政府明确重点打造的四大农业产业之首，也是全省主打的“三绿一红”首推品牌。全州 12 县（市）均产茶，现有投产茶园面积 161.8 万亩，2018 年茶叶总产量 4.06 万吨，茶叶总产值 63.84 亿元，实现了三年翻一番的发展目标；全州建成省级茶叶园区 5 个、州级茶叶园区 8 个，万亩以上乡镇 41 个、万亩专业村 23 个；全州涉茶企业（合作社）1300 余家，都匀毛尖品牌在全国累计设立专卖店 316 个、销售点 4728 个、入驻电商平台 358 个；茶叶从业人员 38.83 万人，吸纳返乡农民工就业5.4万余人，带动3.5万人脱贫（图3-17）。

图3-17 蓬勃发展中的都匀毛尖茶产业

【思考与讨论】

假设黔南州春茶茶青每0.5 kg平均价200元，加工成本约1000元，试计算生产0.5 kg的特级毛尖茶大约成本需要多少。

【课外阅读资料】

中国四大茶区

中国的茶叶生产对世界茶叶生产影响巨大，中国茶叶种植面积、产量、消费量均为世界第一。茶叶种植面积2.65×10^6 hm^2，占全球60.6%；茶叶产量209.6万吨，占世界茶叶产量的40.5%；消费量165万吨，占世界茶叶消费总量的34.6%。

茶区分布辽阔，南自北纬18°的海南省榆林，北至北纬38°附近的山东蓬莱山，东自东经122°台湾东岸，西至东经94°西藏米林。南北跨20°（N），东西跨28°（E），南北2100 km，东西2600 km。共有浙江、湖南、安徽、四川、福建、云南、湖北、广东、广西、贵州、江苏、江西、陕西、河南、台湾、山东、西藏、甘肃、海南等21个省（直辖市、自治区）的1100余个县、市生产茶叶。全国的产茶区共划分为四大茶区：江南茶区、江北茶区、西南茶区和华南茶区。其中，江南茶区主产绿茶、特色红茶和黑茶，江北茶区主产绿茶，西南茶区主产绿茶，同时出产普洱茶和红茶等，华南茶区主产乌龙茶，同时出产白茶、特色红茶和六堡茶等。

1. 西南茶区

位于中国西南部，包括云南、贵州、四川三省以及西藏东南部，是中国最古老的茶区。茶树品种资源丰富，生产红茶、绿茶、沱茶、紧压茶和普洱茶等，是中国发展大叶种红碎茶的主要基地之一。

云贵高原为茶树原产地中心。地形复杂，同纬度地区海拔高低悬殊，气候差别很大，大部分地区均属亚热带季风气候，冬季不寒冷，夏季不炎热，土壤状况也较为适合茶树生长。四川、贵州和西藏东南部以黄壤为主，有少量棕壤，云南主要为赤红壤和山地红壤，土壤有机质含量一般比其他茶区丰富。

2．华南茶区

位于中国南部，包括广东、广西、福建、台湾、海南等省（自治区），为中国最适宜茶树生长的地区。有乔木、小乔木、灌木等各种类型的茶树品种，茶资源极为丰富，生产红茶、乌龙茶、花茶、白茶和六堡茶等，所产大叶种红碎茶，茶汤浓度较大。

除闽北、粤北和桂北等少数地区外，年平均气温为 19 ~ 22 °C，月平均气温最低的是一月，为 7 ~ 14 °C，年生长期 10 个月以上，年降水量是中国茶区之最，一般为 1200 ~ 2000 mm，其中台湾地区雨量特别充沛，年降水量常超过 2000 mm。茶区土壤以砖红壤为主，部分地区也有红壤和黄壤分布，土层深厚，有机质含量丰富。

3．江南茶区

位于中国长江中、下游南部，包括浙江、湖南、江西等省和皖南、苏南、鄂南等地，为中国茶叶主要产区，年产量大约占全国总产量的 2/3。生产的主要茶类有绿茶、红茶、黑茶、花茶以及品质各异的特种名茶，诸如西湖龙井、黄山毛峰、洞庭碧螺春、君山银针、庐山云雾等。

茶园主要分布在丘陵地带，少数在海拔较高的山区。这些地区气候四季分明，年平均气温为 15 ~ 18 °C，冬季气温一般在 – 8 °C。年降水量 1400 ~ 1600 mm，春夏季雨水最多，占全年降水量的 60% ~ 80%，秋季干旱。茶区土壤主要为红壤，部分为黄壤或棕壤，少数为冲积壤。

4．江北茶区

位于长江中、下游北岸，包括河南、陕西、甘肃、山东等省和皖北、苏北、鄂北等地。江北茶区主要生产绿茶。

茶区年平均气温为 6 ~ 15 °C，冬季绝对最低气温一般为 –10 °C 左右。年降水量较少，为 700 ~ 1000 mm，且分布不匀，常使茶树受旱。茶区土壤多属黄棕壤或棕壤，是中国南北土壤的过渡类型。但少数山区，有良好的微域气候，故茶的质量亦不亚于其他茶区，如六安瓜片、信阳毛尖等。

【课外实践活动】

探究都匀毛尖茶制作之旅

一、时间

根据教学时间灵活安排。

二、活动地点

杨柳街苗山。

三、活动内容

参观茶山，体验采茶，制作都匀毛尖。

四、活动要求

1. 活动前准备

（1）请班主任将班级学生分成几个小组，每小组安排小组长，填写“小组安排表”，活动时以小组为单位活动，将小组长名单告知相应车长。

（2）各班安排学生，在当天活动前为班级领食物。

（3）请班主任提前做好学生的安全教育。

（4）请班主任将所在的车号、上车时间和集合时间准确通知学生，听从小组长和带班老师的指挥，不得单独行动，服从活动安排。

2. 集合出发

（1）根据教学时间安排好时间在操场集合。

（2）按照要求和班级参与活动的人数，到指定地点领取点心。

（3）在指定地点排队有序上车。

3. 车上纪律

文明乘车，不得大声吵闹，不得随意将头、手等部分伸出车外，不得在车厢内随意走动，垃圾入袋，服从司机、导游和车长的安排。

4. 集合回校

以小组为单位，按时集合，找到所在车辆，向车长报道。全部师生到齐后发车回校。

5. 活动反馈

备注：此次课外实践活动可以与第一章课外实践结合。

复习题

1. 简述都匀毛尖的悠久历史。
2. 简述都匀毛尖的区域优势。
3. 简述都匀毛尖的产业概况。

第四章 茶之植

茶的发展历史，是由药用、食用发展到饮用。自原始社会开始采集、利用茶叶，尝试栽培茶树，至农业、手工业和商品经济发展后，茶叶需求量增加，茶树栽培才得以迅速发展并向外传播。茶树的种植栽培、茶园的建设管理及茶园改造对茶叶的质量品质、经济效益有重要影响，而农事活动的安排对茶的种植有科学的指导意义，因此树立科学的发展观，运用先进的科学栽培、种植、管理等技术，对进一步发展壮大茶产业具有深远意义。

第一节　新茶园的建设

【问题探讨】

茶园建设是发展茶叶生产的基础。目前，黔南茶叶生产形势大好，茶叶产量连年增加，茶园面积不断增加，更多的人开始青睐无公害茶叶。为使茶叶持续优质高产，提高劳动生产率而进行的茶园基本建设，需对新茶园的选址、规划、开垦作严格要求。都匀毛尖茶优良的品质离不开黔南独特的地理环境，而选择一个良好环境的茶园是保证都匀毛尖茶品质上乘的前提。

【讨　论】

（1）什么是无公害茶园？

（2）规划新茶园有哪些要求？

（3）开垦新茶园的步骤一般包括哪些？

一、无公害茶园

无公害茶叶是指在无公害生产环境条件下，按特定的生产操作规程生产，成品茶的农药残留、重金属和有害微生物等污染物指标、卫生质量指标达到国家有关标准要求，对人体健康没有危害的一类茶的总称。无公害茶包括低残留茶、绿色食品茶和有机茶（图 4-1）。

图 4-1　无公害农产品标志

（1）低残留茶是指生产过程中可以限量使用除国家禁止使用外的化学合成物质，茶叶产品中卫生指标达到国内和进口国有关标准要求，对消费者身体健康没有危害的茶叶。

（2）绿色食品茶是指根据绿色食品生产、加工标准进行生产加工，由专门机构认定，使用绿色食品标志的茶叶。绿色食品为AA级和A级，AA级绿色食品茶与有机茶的要求相近，在生产过程中不得使用化学合成物质。A级绿色食品虽可使用化肥、农药等化学合成物质，但有严格的标准。

（3）有机茶是根据国际有机农业运动联合会（IFOAM）的《有机生产和加工基本标准》进行生产加工，经过有机食品认证机构审查颁证，获得有机茶标识的茶叶。主要特点是在生产过程中禁止使用人工合成肥料、农药、除草剂、食品添加剂等化学合成物质，不受重金属污染。

二、基地选择

都匀毛尖茶产地处于黔南州境内海拔600～1500 m的山地和缓坡区域，属中亚热带湿润季风气候。茶园土壤以黄壤、红黄壤、棕壤为主，pH值为4.0～6.5。年平均气温为13～19 °C，平均降水量为1100～1450 mm。

都匀毛尖茶有机生产基地应按DB522700/T 016要求进行选择。

（一）空气质量

应符合GB3095规定的一级标准要求（表4-1）。

表4-1 茶园空气质量指标

项 目	日平均	1 h平均
总悬浮颗粒物/mg · m^{-3}（≤）	0.12	—
二氧化硫（标准状态）/mg · m^{-3}（≤）	0.05	0.15
二氧化氮（标准状态）/mg · m^{-3}（≤）	0.08	0.12
氯化物（F）（标准状态）/g · m^{-3}（≤）	20	—

注：日平均指任何一日的平均浓度；1 h平均指任何1 h的平均浓度。

（二）用水质量

茶园灌溉用水要求不受污染，符合GB5084的规定。直接接触产品的用水质量，达到GB3838、GB5749的规定（表4-2）。

表 4-2 茶园用水质量指标

项 目	浓度限值
pH 值	5.5 ~ 7.5
总汞/mg · L^{-1}（≤）	0.001
总镉/mg · L^{-1}（≤）	0.005
总砷/mg · L^{-1}（≤）	0.05
总铅/mg · L^{-1}（≤）	0.1
铬（六价）/mg · L^{-1}（≤）	0.1
氰化物/mg · L^{-1}（≤）	0.5
氯化物/mg · L^{-1}（≤）	250
氟化物/mg · L^{-1}（≤）	2.0
石油类/mg · L^{-1}（≤）	5.0

（三）地形地势

缓坡台地，或坡度在 30° 以下的山地和丘陵。

注意：茶树生长本身对地形无严格要求，但地形、地势关系到小区气候、交通运输和茶园耕作机械化。一般宜选择在坡度 25° 以内，土地集中成片，并有发展前途的地带。在地形过于复杂。坡度过大的地方开辟茶园，对加工生产发展带来很大困难，所以不宜选作茶园。一定要注意因地制宜，做到宜林则林，宜茶则茶，全面规划。其他如水源、交通、劳动力等也需调查清楚，以免今后因上述条件不足而造成茶叶生产上的困难或损失。

（四）土壤质量

（1）茶园的土壤要求土层厚度在 80 cm 以上，排水和透气性良好，土壤有机质含量≥1.5%，pH 值 4.0 ~ 6.0。

（2）茶园的土壤质量

应符合 GB15618 的规定（表 4-3）。

表 4-3 茶园土壤质量指标

项 目	浓度限值
pH 值	4.0 ~ 6.5
镉/mg · kg^{-1}（≤）	0.20
汞/mg · kg^{-1}（≤）	0.15
砷/mg · kg^{-1}（≤）	40
铅/mg · kg^{-1}（≤）	50
铬/mg · kg^{-1}（≤）	90
铜/mg · kg^{-1}（≤）	50

注：重金属和砷均按元素总量计，适用于阳离子交换量>5 mmol（+）/kg 的土壤，若≤5 mmol（+）/kg，其标准值为表内数值的一半。

注意：① 微酸性的山地如红壤、黄壤、棕壤和砖红壤都适宜种茶，从指示植物看，凡长有杜鹃花、铁芒箕（蕨蕨草）、油茶等的土壤都属酸性土（图 4-2）；② 土层深厚，具有一定孔隙度，才适合茶树深根性作物根系的伸展；③ 土壤湿润、表土保水力强，有利于茶树土表的侧根充分吸收水分，心土排水好，减少茶根遭根腐病。

（a）杜鹃花

（b）铁芒箕

图 4-2　土壤酸性指示植物

（五）周边环境

茶园的周边生态环境优良，自然植被丰富，茶园应尽量远离交通干线、工厂和城镇，附近及上风口（或河流的上游）没有污染源。

三、基地规划

（一）基本要求

1．茶区园林化

要因地制宜、全面规划，以治水改土为中心，实行山、水田、林、路综合治理，充分利用自然条件，建立高标准茶园。茶园相对集中，园地四周应多种植树木，美化园区环境（图 4-3）。

图 4-3　都匀螺丝壳生态茶园

2．茶树良种化

选择的茶树品种应适应当地的土壤和气候特点，具有较强的抗逆性，并适制当地实际生产茶类，利用各品种特点，进行品种特性（如芽叶性状、发芽迟早等）的搭配，保持生物基因的多样性，取长补短，充分发挥茶树良种在品质方面的综合效应（图 4-4）。

图 4-4　茶树品种园

3．茶园水利化

广辟水源，积极兴建水利工程，因地制宜，发展灌溉（图 4-5）。不断提高控制水、旱灾害的能力。建园坡地应以 25° 为限，25° 以上坡地以造林为主，建园时不可过度破坏植被，以控制水土流失。

图 4-5 茶园喷灌设施

4．生产机械化

茶叶基地规划设计，园地管理，茶厂布设，产品加工等，都要适宜机械化，或逐步实行机械化。

5．栽培科学化

选用良种，合理密植，改良土壤，科学施肥，掌握病虫害发生规律，采用综合措施，控制病虫害与杂草的危害。正确运用剪采技术，培养丰产树冠，达到高产、优质、高收益的目的。

（二）道路规划

设置合理的道路系统，连接场部、茶厂、茶园和场外交通，提高土地利用率和劳动生产率，具体要求如下：

（1）主干道：面积较大的茶园设置，宽 5～6 m，坡度 < 5°，与公路连接；

（2）支干道：宽 2～3 m，坡度 < 10°，与主干道和步道连接；

（3）步道：茶园内的步行小路，宽 1.5 m 左右，与茶行垂直或交叉，与支（干）道连接；

（4）道路网占地面积应在 5% 以内。

（三）水利设施

建立完善的排灌系统，做到能蓄能排，有条件的茶园建立节水灌溉系统；茶园与四周荒山陡坡、林地和农田交界处应设置隔离沟、带，梯地茶园在每台梯地的内侧开横沟。以水土保持为中心，做到小雨不出园、中雨能蓄、大雨能排，有条件的可建立茶园移动式喷灌系统，保证茶树生长具有良好的水肥条件。

（四）积肥坑设置

每一个 2 hm^2 以上的茶园附近应修建一个 30 m^3 积肥坑（池），在生产过程中生产者可不断将各种有机物料（如杂草、秸秆、畜粪、绿肥等）堆积于坑内，经渥堆腐熟后，供茶园施用。

（五）防护林设置

在山顶、陡坡地段、茶园四周、沟渠和道路两旁种植防护林，树种应具备速生、防护力强、经济价值高、与茶树无共同病虫害等要求。

四、基地开垦

茶园规划设计后，即进行开垦。在开垦之前，首先进行地面清理。刈割园内所有草木，并挖除树根和繁茂的多年生草根；尽量保留园地道路、沟渠两旁的原有树木；为防止水土流失，开垦新茶园须注意“山顶戴帽子”，不要把树木一扫而光。

（一）初　垦

基地开垦应注意水土保持，根据不同坡度和地形，选择适宜的时期、方法和施工技术。

1．平地及缓坡地的开垦

平地及 15° 以内的缓坡茶园，根据道路、水沟等可分段进行，并要沿等高线横向开垦，以使坡面相对一致。若坡面不规则，应按“大弯随势，小弯取直”的原则开垦。

2．陡坡梯级垦辟

茶园的开垦，坡度在 15 ~ 25°，地形起伏较大，可根据地形情况，建立宽幅或窄幅梯田，减缓地面坡度，保水保肥保土，同时可以引水灌溉（图 4-6）。

梯面宽度在最陡的地段不得小于 1.5 m，梯壁不宜过高，尽量控制在 1 m 之内，不超过 1.5 m（详见表 4-4）。

表 4-4　不同坡度山地的梯田参考宽度

地面坡度 /（°）	种植行数/行	梯面宽度/m
10 ~ 15	3 ~ 4	5 ~ 7
15 ~ 20	2 ~ 3	3 ~ 5
20 ~ 25	1 ~ 2	2 ~ 3

图 4-6　梯田茶园

3．梯壁养护

（1）雨季注意检修水利系统，防止冲刷，每年进行季节性维护。

（2）种植护梯植物，如黄花菜、爬地兰、紫穗槐；如生长过于繁茂而影响茶树生长或妨碍管理，一年可锄 1 ~ 2 次，切忌连泥铲削。

（3）新建梯田，由于填土挖土，可能出现下陷、渍水情况，应及时修理平整。

（二）复　垦

在初垦基础上，对 30 cm 表层土壤进行精细整地，清除树根、刺草、石块及其他杂物，填平坑、凼。

（三）开　沟

按行距 150 cm 划行线，沿着划定的行线开沟，沟深、宽各 50 cm。开沟时应将表土和底土分开堆放，10° 以上坡地开沟时表土堆在沟上埂，底土堆在沟下埂。

（四）回　填

施足有机底肥，再填表土，深度为 30 ~ 40 cm，即可按照相关的规格（详见本章第二节）种植茶苗。

注意：底肥每亩用农家肥（杂草）2000 ~ 2500 kg 或油枯 100 ~ 150 kg，再加上 25 kg 磷肥拌匀后施于沟底。

第二节 茶树种植

【问题探讨】

茶树是一种喜酸怕碱、喜光怕晒、喜湿怕涝的多年生木本植物。茶树种植包括苗木的繁育与茶树的移栽种植，对茶叶品质有至关重要的影响。

【讨　　论】

（1）苗木繁育的方法有哪些？各有什么优缺点？

（2）茶树种植有哪些要求？

一、苗木繁育

（一）适制品种

都匀毛尖的适制茶树品种，除了贵定鸟王种、都匀中小叶群体种等黔南茶树良种外，还有国家级良种福鼎大白茶。

1．福鼎大白茶

小乔木型，中叶类，早生种。树姿半开张，分支部位较高。叶色绿，叶形为椭圆形，叶质较厚，叶脉明显，叶面微隆，抗逆性强。茶芽较肥壮，显芽峰，毫毛较多，产量高。春芽一芽二叶含氨基酸 4.3%、茶多酚 16.2%、咖啡因 3.4%、儿茶素总量 11.4%，适制白茶、红茶、绿茶，尤其适制白茶，具有优良的品质。

2．黔南茶树良种

黔南优良茶树资源主要有都匀毛尖茶树品种或品系、贵定云雾贡茶品种（鸟王种）等。

（1）都匀毛尖茶树品种或品系

都匀毛尖茶树品种或品系为都匀本地原生茶树群体种，灌木型、中叶类、早生种，树姿半开张，分支较密，叶片呈水平状着生。叶形椭圆，叶面平，叶色绿，叶质较脆。抗寒性、抗旱性强。发芽密度大，芽叶多毛，芽叶生育能力强，且持嫩性好，适宜制高档毛尖茶。春茶一芽二叶含氨基酸 3.3%、茶多酚 29.7%、咖啡因 4.3%、儿茶素总量 14.9%，适制绿茶，可具优良品质。

（2）贵定云雾贡茶品种

贵定县云雾镇的云雾山半山腰上有个鸟王村，村里居住着身着蓝衣佩戴海贝的海葩苗。这支传说来自海边的苗族人世代守护茶山，种植“鸟王”茶树。2011 年正式定名为云雾贡茶［*Camellia sinensis*（*L.*）*Kuntze var. niaowangensis Q.H.Chen*］。

贵定云雾贡茶品种茶树至今已有 1000 多年历史，贵定县内各地均有分布，尤其以南部云雾山区盛产，品质上乘，是国内为数不多的高品质绿茶加工原料，是国内目前仅存贡茶碑记载的名优茶种（图 4-7）。

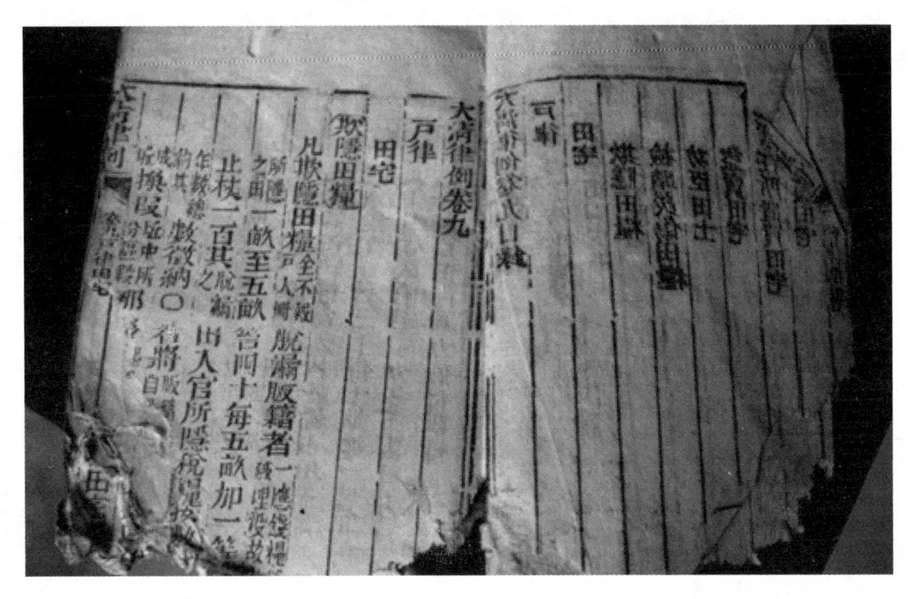

大清律例卷九

戶律

田宅

欺隱田糧

凡欺隱田糧全不報戶入冊脫漏版籍者

一畝至五畝笞四十每五畝加一

止杖一百其脫漏之田入官所隱稅糧

數徵納

图 4-7　记录鸟王村种茶历史的古书

云雾贡茶为小乔木型、大叶类、中生种。树姿半开张，叶片呈上斜状着生。叶形椭圆，叶面平，叶色绿。芽叶肥壮多毛，持嫩性强。按特殊加工工艺将其制出的云雾贡茶条索紧细，汤色绿亮，香气浓郁、滋味浓爽，有“一杯香、二杯浓、三杯甘又醇、四杯五杯韵犹存”的美誉。春茶一芽二叶含氨基酸 2.7%、茶多酚 35.3%、咖啡因 3.2%、儿茶素总量 22.8%，适制红茶、绿茶。

（二）繁育方法

茶树的繁育方法分为有性繁殖和无性繁殖两种。有性繁殖是指利用雌雄受粉相交而结成种子来繁殖后代的方法。无性繁殖，是茶树良种繁殖的一种重要途径，是指利用植物细胞的全能性，用植物器官如根、茎、叶，甚至细胞，来进行营养繁殖后代的方式，包括嫁接、扦插、压条和组织培养。其优点有：

（1）能保持良种的特征特性，繁殖后代性状与母本基本一致，可长期保持良种的优良种性，有利于茶园的管理和机械化作业。

（2）繁殖系数大，有利于迅速扩大良种茶园面积。

目前，对于茶树苗木繁育大多采用无性繁殖方法中的扦插法，都匀毛尖茶繁育也不例外。

（三）母本园的选择与采穗母树培养

1．母本园的茶树品种

应是无性系原种园或直接从原种园引进的一、二级母本良种（图 4-8）。一般要求树龄 4 年以上，生长健壮，无危险性病虫害。

图 4-8　无性系良种母本茶园

2．母本园的肥培管理

在按丰产茶园肥培基础上，采穗母本园应增加磷，钾肥的施用比例，使采穗母树产生具有强分身能力的枝梢。通常于秋末，茶园亩施饼肥 150 ~ 200 kg 或相应的有机肥料，春前施氮肥 15 ~ 20 kg。供夏插用的青壮母树须于春茶前（2—3 月）进行修剪；秋插的在春茶后（6 月上旬）进行修剪；翌年春插的在秋前（7 月）进行轻修剪。而重修剪、台刈更新复壮的茶园，应结合培养树冠，进行定型修剪。一般在轻剪后亩施尿素 20 ~ 25 kg，并注意配施磷、钾肥。

3．剪穗前工作

母本园在剪取插穗前 1 周左右，摘除枝条顶端的一芽一叶或对夹叶，以促进插穗枝条成熟，腋芽饱满。同时喷洒 0.5 波美度的石硫合剂药液，防治病虫害。母本园在剪取插穗前 5 ~ 10 d，茶园应喷施植物生长激素，如 2,4-D、吲哚丁酸等水溶液，每平方米树冠约喷 500 mL，有利于枝穗发根（图 4-9）。

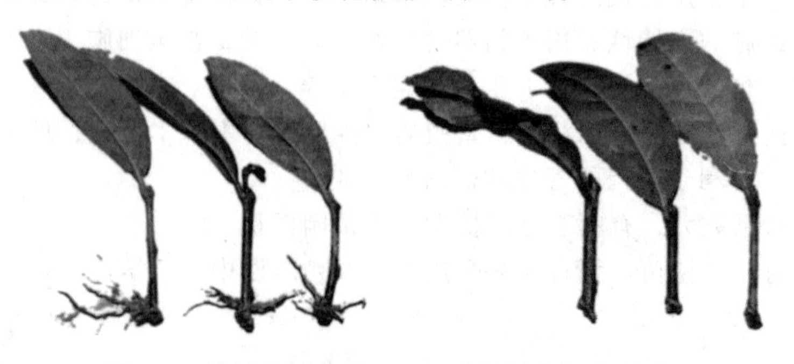

图 4-9　茶树母树喷施 2,4-D 对扦插发根的影响

（四）苗圃地选择与苗床整理

1．苗圃地选择

短穗扦插苗圃应选择在交通方便、地势平坦、水源充足和易于排灌的农地或稻田。苗地要求土质肥沃、土层深厚、结构疏松、透气性良好的沙壤土或轻质黏壤土，pH 值在 4.5 ~ 6.0。如当年种植过烟草、麻类、蔬菜的，不宜作为苗地，特别是有根结线虫等病虫为害的，更不宜选作苗圃地。若受条件限制，要选用这类土地时，要先进行土壤消毒。

2．苗圃地整理

一般分 2 次翻耕（图 4-10）。第一次全面深翻，深度在 30 ~ 40 cm。第二次在做苗床前进行，深度 15 ~ 20 cm，并碎土、耕平。苗床长度一般约为 15 m，宽 110 ~ 120 cm，畦高 15 ~ 20 cm，畦间沟宽为 25 ~ 35cm，四周开好排灌沟。做苗床时，还要根据苗圃地的肥力情况，施足基肥。然后，均匀地铺上经粉碎的黄泥心土（图 4-11），4 ~ 5 cm 厚。铺好黄泥心土后，灌水或浇水，使其充分湿润。待稍干，用扁平的木棒适当敲打，使床面平整，压实后的厚度约 2.5 cm，以便插穗下端能与心土密接并固定于土中。

图 4-10　土壤翻耕

图 4-11　筛心土

（五）插穗的剪取

（1)在母本园剪取的插穗枝条以半木质化、呈红棕色的为好，要求基部粗度 3～5 mm，腋芽饱满，叶片完整，可利用长度在 20 cm 以上，无病虫为害的当季成熟枝条。

（2）短穗的标准是：一节的短茎上带有一个腋芽和一张叶片，穗长 3～4 cm。短穗上端剪口应离叶柄 3～4 mm，下端剪口与叶片平行。剪口要平滑，不要撕破表皮，更不可剪伤腋芽，插穗上如有花蕾，应随时摘除（图 4-12)。短穗应随剪随插，不能超过 24 h，否则会影响成活率。

（3）不同茶树品种的穗枝必须分别剪取、标牌，以防混杂。

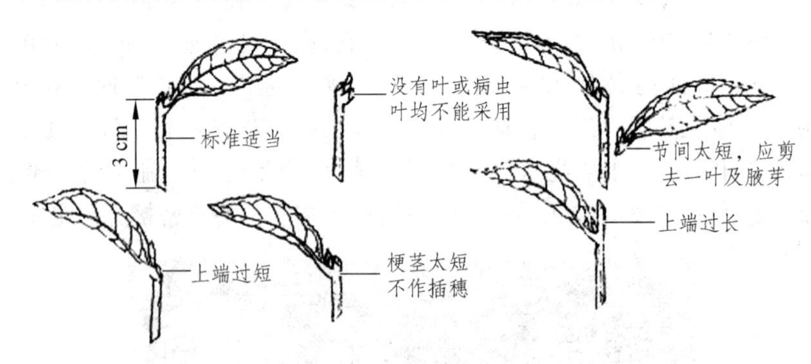

图 4-12　插穗的剪法

（六）扦插时期与方法

1. 茶树短穗扦插的时期

生产上扦插的适宜时期是 3—10 月，尤以秋季（8—10 月）扦插为最好，此时期插穗长根快，成苗率高，管理周期短，有利于降低生产成本。夏插（6—7 月）的管理周期长达 1 年半以上，不仅耗工多、成本高，而且气温高，稍有疏忽，将严重影响成活率。同时，插穗需春季留养，因而会明显影响当年春茶收益。春插（2—5 月）时节，因雨水多、温度低，故发根慢，成活率较低。

2. 短穗扦插方法

扦插一般在上午 10 时前或下午阳光转弱时进行。扦插前，要先检查苗床，如果床面土壤干燥，需浇水湿润，待泥土不粘手时，即可开始扦插。短穗扦插行距约 9 cm，株距约 3 cm，以叶片不互相重叠为度。扦插时，用拇指和食指捏住插穗上端，轻轻地直插或斜插入土中，以露出叶柄为度，叶片不能紧贴土面（图 4-13)。注意不可把腋芽插入土中。边插边将穗附近的土稍压实，使插穗与土壤密接，利于发根。插完一定面积后应及时洒水、遮阴。

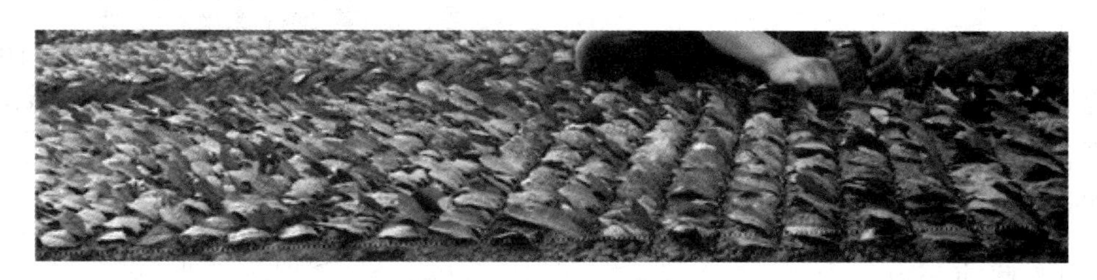

图 4-13　茶树扦插

（七）苗圃的管理

苗圃管理“三分插，七分管”，短穗扦插的成败在于管理。苗圃管理主要包括遮阴、浇水、除草、施肥、治虫、摘蕾等。前期重点抓遮阴和浇水，后期则以除草、追肥和病虫害防治为重点。

1．光照管理

短穗插后即应遮阴，常以矮平棚、高斜棚、塑料薄膜、遮阳网、狼萁等遮阴。

（1）矮平棚：高 30 ~ 40 cm，棚架上盖竹帘或麦秆帘（可就地取材），每帘长 3 ~ 4 m，宽比畦面大 20 cm 左右。其优点是通风透光，便于浇水，适合茶苗生长。

（2）高斜棚：呈北高南低，南架靠近地面，北架高 80 ~ 100 cm，倾斜角约 45°，棚架上盖遮阴物。遮阴物可选择茅草、麦秆或竹枝等物料。

（3）塑料薄膜覆盖对于晚秋（10 月）或冬季（11 月后）扦插的苗圃能起到保暖、保湿、防冻和减少浇水等作用。

（4）狼萁遮阴，取材方便，成本低，可提早发根。先清除狼萁下层枯叶，取用离地面 30 cm 以上的分枝作为遮阴物，以利通风。插穗、遮阴同时进行，每隔 1 ~ 2 行插穗搬迁一行成束狼萁，每束 3 ~ 4 枝，束距 6 ~ 10 cm，呈锯齿形排列，疏密均匀，使遮光率达 70% 左右。

管理时，要根据茶苗的生育状况，逐渐降低遮阴程度。春插苗在当年 9 月底，夏、秋扦插苗到翌年 5—6 月逐渐抽除狼萁，由密到稀，直到全部去除。但应注意防旱，及时浇灌水。

2．分水管理

苗圃的水分，应既满足短穗吸水需要，又保持土壤的通透性，以利插穗愈合发根。扦插初期的高温干旱天气，短穗与土壤水分蒸发量大，要每天早晚各浇一次水。阴天每天浇一次水，雨天不浇，只要苗畦土壤全部湿润即可，遇到大雨，要及时排水。在插穗后 10 ~ 15 d 的发根期内，可每天浇一次水。发根后，可隔天或几天浇一次，以保持土壤湿润，促使发根生长。

3．肥培管理

短穗扦插后要及时追施肥料，先稀后浓，少量多次。春插的在 5—6 月施肥，夏插或早秋插的可在9—10月施一次追肥，秋插到翌年4—5月施肥。追肥可用10%的腐熟人、畜尿或0.5%的尿素或15%的复合肥，结合浇水进行。每隔20~30 d施一次，浓度逐渐提高。春季应追肥2~3次，夏、秋根据茶苗长势适当再施1~2次。每次追肥后，用清水淋浇茶苗，以防肥液灼伤茶苗。

4. 防病治虫

短穗扦插后，应抓紧病虫害防治，促进茶苗健壮生长。扦插结束后先喷一次0.7%石灰半量式波尔多液，注意观察病虫，使用药剂和浓度可参照常规茶园进行。

5. 除草除蕾

（1）除草：插穗生根后才可除草，应见草就拔。除草时，应将手按住草边的泥土，除草后淋一次水，使茶苗根系与土壤紧贴。

（2）除蕾：当茶苗出现花蕾时，必须用手及时轻轻摘除。

6. 茶苗打顶

当茶苗长至30 cm高度时打顶，可采去顶端一芽二叶，促其分枝。

（八）种苗的检验、起苗与包装运输

当茶苗在苗圃培育一足龄以上后，苗高超过20 cm，离地面10 cm处茎粗不小于0.2 cm，主茎基部18 cm左右处呈棕褐色、半木质化、叶片数达6~10片时，可于冬、春季出圃。起苗前必须浇水湿透苗床，用锄头掘苗，不宜直接用手拔，以防伤害根系。不同品种必须分别包装、挂牌（标明品种、苗龄、株数、起苗时间和育苗单位等），并附检验证书。茶苗运输时，必须要注意通气，防止日晒、风吹、紧压等。起苗后要在48 h内种植，以提高良种苗木成活率，若因故不能及时移栽应假植。

二、茶树种植

（一）品种选择

（1）选择高产，优质，适宜当地气候、土壤的贵定鸟王种、都匀毛尖群体种或适宜的茶树良种。

（2）选用无性系茶苗。

（3）茶树苗木应符合GB11767的规定。

（4）禁止使用基因工程繁育的种子和苗木。

（二）种植时间

（1）春季种植：2 月中下旬至 3 月。

（2）秋季种植：10 月下旬至 11 月下旬。

移栽时间主要根据当地的气候条件决定，根据茶树的生长动态，当茶树进入休眠阶段，选择空气湿度大和土壤含水量高的时期移栽茶苗最合适。根据黔南州气候以冬栽为主，主要集中在 12 月上旬至次年 2 月底，以茶树进行休眠期进行移栽。

（三）种植方式

采用单行或双行条栽方式种植，坡地茶园等高种植，要求合理密植。

双行条列式：大行距 130 cm，小行距 40 cm，丛距 30 cm，茶丛呈“品”字形排列，每丛 2 株，每 667 m^2 约 7000 株茶苗。

一般认为中叶种茶园单行条列式种植的，茶树行距为 150 ~ 170 cm，株距为 26 ~ 33 cm（图 4-14），每丛定苗数为 1 ~ 3 株，使地上部和地下部充分占据所辖的范围，构成一个合理的群体结构，茶树能够顺利生长。

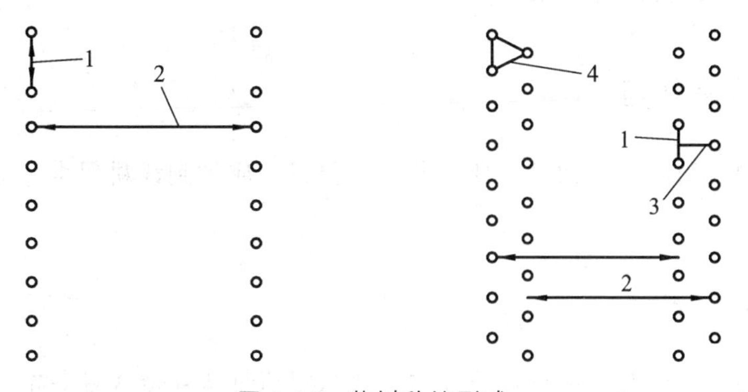

图 4-14　茶树种植形式

注：1 为株距 26 ~ 33 cm，2 为行距 150 ~ 170 cm，3 为列距 30 cm，4 为呈等边三角形

（四）提高移栽存活率的方法

因为移栽苗木根系损伤大，必须及时浇水，浇到成活为止。成活后，一般茶园可施用稀薄的、经过无害化处理过的堆肥、沤肥液，以提高茶苗的抗旱能力。

由于防护林、行道树、遮阴树尚未长成，夏日强烈的阳光直射会导致茶苗叶片灼伤，因此在夏季必须进行季节性遮阴。用稻草、麦秆或其他草本植物捆扎成束，铺于根际，挡住部分阳光，高温旱季过后，及时拔除。在干旱或寒冬季节来临之前将稻草、麦秆或其他草本植物覆盖于茶行两侧后，再压上碎土，可以起到保水、抗寒、保温的作用。

幼龄茶园合理间作绿肥不仅可以解决肥源问题，还可以增加土壤覆盖率，防止水土流失，保梯护坎，增加茶园的物种多样性。

第三节 茶园管理

【问题探讨】

新茶园建立以后，要使茶树苗壮成长，根深叶茂，达到速生高产，持续增产的目的，关键在于茶园的技术管理。根据茶树的不同生长阶段对环境条件的不同要求，采用科学的管理方法，不断改造茶园土壤、环境条件及茶树自身，优化茶树的生长生产。

【讨　论】

（1）茶园科学管理包括哪些方面？

（2）茶园的改造可从哪几个方面进行？

一、幼龄茶园管理

（一）抗旱保苗

茶苗既怕干怕晒，又怕涝，要让茶苗长得好，应做到浅耕保水，适时施肥，遮阴、灌溉等。

（二）补　苗

茶叶栽种后，应及时进行查苗补苗，缺丛则须每丛补植 3 株茶苗。补缺用苗，须用同龄茶苗，通常应用备用苗补缺。补苗一般是在移栽当年冬季或第二年春季进行，过迟则造成茶苗生长参差不齐，补苗一般在雨后土松时做，所补的茶苗要基本一致，方便管理。

（三）覆盖和灌溉

灌溉和覆盖是干旱季节，给茶园提供的一项补水和保水措施。这两项措施，如果能相互结合进行，效果尤佳。

（1）覆盖：主要是对茶树行间进行生草覆盖，其作用是保持茶园土壤水分，改善茶园生态条件，提高土壤肥力水平，减少杂草生长。根据毛尖茶区的雨水分布，生草覆盖通常在雨季即将结束、干旱快要来临之前的 6 月底进行。在少数高山地区或处于风口的茶园，为防止发生茶树冻害，也有在入冬前进行茶园生草覆盖的，以减少茶树冻害发生。

（2）灌溉：主要是固定式喷灌。使茶园土壤中水分、空气温度，乃至整个茶园水气候得到改善，从而使易受干旱危害的毛尖茶树生长良好。

毛尖茶园喷灌，一般选择在天气干旱的 7—8 月进行，根据茶园土地实际情况，每次喷水量须与茶园土壤的持水能力相适应。

（四）浅耕和培肥管理

加强中耕除草作业，可疏松土壤，提高土壤通透性，翻埋杂草，增加土壤有机质，增施有机肥，深度一般为 2 ~ 5 cm，避免大量损伤吸收根。

（1）种茶后第一年分别于 7 月、9 月浅松土和除草，各进行一次，深度 5 ~ 8 cm，有条件的茶园，可于松土除草后，在各行间进行铺草覆盖，厚度 5 ~ 10 cm。

（2）第二年 5 月、7 月、9 月各除草一次，茶丛下的杂草用小工具或手工拔除；秋末（10—11 月）中耕松土一次。

（3）幼龄茶园行间宜间作绿肥，增强土壤肥力，防止水土流失。

（五）幼龄茶树树冠培养：定型修剪

灌木型的幼年茶树，当 2 足龄时，苗高已达 30 cm 以上，离地 5 cm 处茎粗超过 0.3 cm，并有 1 ~ 2 个分枝时即可开剪，共要进行 3 次定型修剪。第一次定型修剪，在离地 15 ~ 20 cm 处剪去主枝，侧枝不剪，并选留 1 ~ 2 个较强分枝。第二次定型修剪，一般在第一次定型修剪的次年，即 3 足龄时进行。此时树高已达 40 cm，剪口高度为 30 ~ 40 cm，即在第一次的剪口高度上提高 15 ~ 20 cm。第三次定型修剪，在第二次剪后的一年左右进行，一般茶苗已达 4 足龄，剪口高度离地 45 ~ 50 cm。在第二次和第三次剪后，分别在当年晚秋实行打顶采。这样连续通过三次定剪后，树冠已有 4 ~ 5 层分枝，茶树高度又达 45 ~ 50 cm。在此基础上再进行轻修剪，进一步培养树冠（图 4-15）。

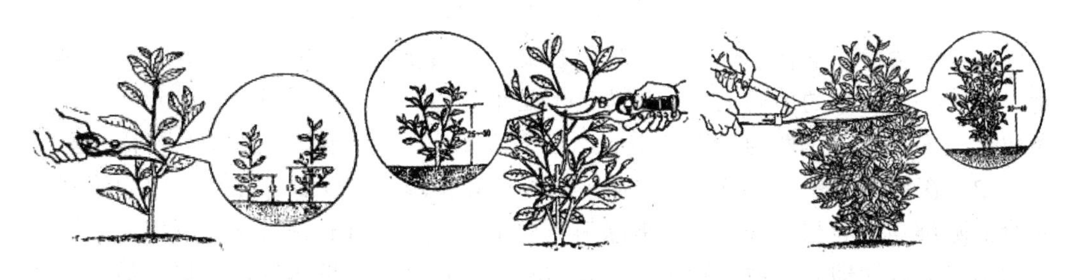

（a）第一次定型修剪　　（b）第二次定型修剪　　（c）第三次定型修剪

图 4-15　幼年茶树定型修剪

注：剪口要求平滑，未完成定型修剪前，不要“以采代剪”

二、成年茶园管理

（一）树冠培养技术

1. 轻修剪或深修剪

茶园正式投产后，为了控制树冠高度，复壮树冠，提高芽叶品质，扩大有效采摘面，以延长高产优质生产年限，常需要每年或隔年进行轻修剪。当蓬面由于多年采摘和轻修剪的刺激发生密集前细弱的分枝，有碍营养物质和水分的输导，茶叶产量和鲜叶品质显著下降，采用轻修剪已达不到目的时，常采用深修剪。

（1）轻修剪（图 4-16）。常在每年茶季结束后进行，剪去树冠表 3 ~ 5 cm 枝叶。主要目的是使树冠达到所需控制的高度，并维持树冠层较强分枝习性，持续高产；整齐树冠，增加发芽密度，提高鲜叶质量与采茶工效。轻修剪可分为秋剪和春剪，秋剪是年茶季结束后，即 10 月上旬或 11 月上旬进行，春剪是在春茶后进行。在气候温暖的南部茶区，秋剪应迟，春剪应早；而在气候较寒冷的中北部茶区，秋剪应早，春剪应迟。

图 4-16　茶树轻修剪

一般讲茶树处于壮年阶段，生长势旺盛，采摘及时，树冠面平整的，可以隔年剪，茶树处于壮年的中后期，生长势已不是很旺盛，采摘又不及时的宜年年剪；采茶留叶较多、叶层丰厚的，宜年年剪，采茶留叶少，生长势尚健壮的，可隔年剪。

（2）深修剪（图 4-17）。深修剪又称回头剪，修剪深度以剪除结节枝为原则，结合清除细弱枝和枯枝等，一般剪除树冠面上 15 ~ 20 cm 枝条。通常树体内贮藏物质的第二高峰期即春茶后进行深修剪，这样可以保证春茶的采收。深修剪后茶树叶面积锐减，萌芽期推迟，所以需停采留养一季，当年视树势恢复情况，注意留叶轻采，以后再每年或隔年进行修剪，这样交替进行可使采摘面上较长时间保持旺盛的生产枝，延长茶树采摘年限。

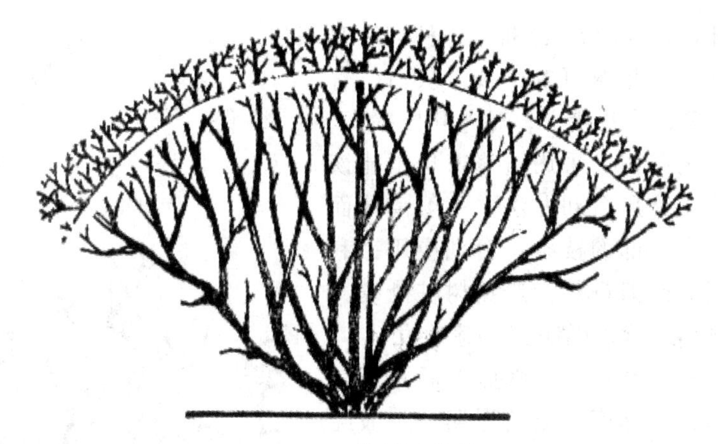

图 4-17　茶树深修剪

深修剪与轻修剪交替进行年限的长短，视管理水平和采摘质量而定，深修剪对当年产量有一定影响，周期一般控制在 4～5 年。

2．重修剪和台刈

茶树经过多次剪、采，上部枝条的生活力逐渐降低，即使加强肥培管理或深修剪处理，仍然得不到良好的效果，发芽力不强，芽叶瘦小，对夹叶比例显著增多，轮与轮的间歇期长，产量和芽叶质量明显下降，同时根茎处又不断出现更新枝（或称徒长枝）。对这类茶园按衰老程度的不同，轻者采用重修剪，重者采用台刈，以达到增强树势，更新复壮的目的。

（1）重修剪（图 4-18）。重修剪适用于衰老茶树和未老先衰的茶树。重修剪高度一般掌握在树高的 1/2 或 2/3 处进行。重修剪后的茶树，需经过 1～2 季停采留养，然后实行打顶轻采，待树冠养成后才可正式投产。

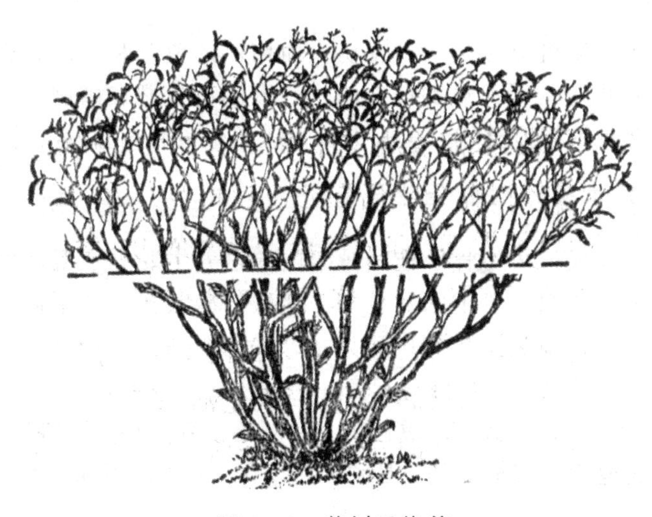

图 4-18　茶树重修剪

（2）台刈（图 4-19）。台刈是一种彻底改造树冠的措施，凡是树冠老，枝干灰白，寄生地衣、苔藓多，芽叶稀少，对夹叶比率高，产量低下的衰老茶树，采用重修剪也不能恢复树势的，均需采用台刈办法。一般离地面 20 cm 左右砍去上部的枝条。台刈应用锋利的台刈剪、锯或砍刀进行，避免树桩撕裂，病虫侵害或雨水滞留，影响潜伏芽萌发。

茶树从第一次台刈（重修剪）后到第二次台刈（重修剪）称第一更新周期。一般经历 2 个更新周期，复壮能力已很弱，因此不应再采用树冠更新办法，要采取换种改植的措施，从根本上改造老茶园，重建新茶园。一般认为茶树的栽培年限是 40 ~ 60 年，实际生产中多把产量和树龄结合起来考虑进行换种改植，以此改善茶园结构，有效地提高茶叶单产和经济效益。

图 4-19　茶树台刈

（二）茶树修剪后管理

茶树修剪后，最重要的是要加强肥水管理和合理留养采摘等农业措施，才能获得修剪的良好技术效果。

1．加强肥水管理

修剪对茶树生长来讲显然是一种创伤，而伤口的愈合和剪后新梢的抽发，都需要有足够的肥、水供应，因此修剪前要施入较多的有机肥和磷肥，剪后待新梢萌发时，要及时追肥，促使新梢健壮，并尽快转入旺盛生长，充分发挥修剪的应有效果。

2．合理留养采摘

幼年茶树树冠养成过程中骨干枝和骨架层的培养主要靠定型修剪，广阔的采摘面和茂密的生产枝则来自合理的采留技术。定型修剪茶树，在采摘技术上要应用分批留叶采摘法，要多留少采，做到以养为主，采摘为辅，实行打顶轻采。

经深修剪的成年茶树，要视修剪程度注意留养，一般要留养 1 ~ 2 个茶季，待重新培养成采摘面后方可正式投产；重修剪、台刈的更新茶树，要特别注意以养为主，采养结合。为有效地达到修剪目的，必须经过 2 ~ 3 年的打顶和留叶采摘后，才能正式投产。

3．做好病虫害防治

茶树经修剪后，枝叶繁茂，芽梢柔嫩，是病虫害滋生的良好场所，特别是在高温高湿的 7—8 月，易发生茶饼病及其他病虫害，必须及时注意检查防治。对于衰老茶园更新复壮时刈割下来的枝叶，必须及时清出园外，并对树桩及园地进行喷药，确保复壮树冠枝壮叶茂。

（三）茶园土壤管理

1．土壤管理注意事项

种茶后第 3 ~ 4 年，当茶树小行间封闭，蓬面扩大后，土壤应实行少耕或免耕，平时可用山草、秸秆等覆盖裸地部分，耕作只配合施基肥开沟时进行。

（1）定期监测土壤肥力水平和重金属元素含量，一般要求每 2 年检测一次。根据检测结果，有针对性地采取土壤改良措施。

（2）采用地面覆盖等措施提高茶园的保土蓄水能力。将修剪枝叶和未结籽的杂草作为覆盖物，外来覆盖材料如作物秸秆等应未受有害或有毒物质的污染。

（3）采取合理耕作、多施有机肥等方法改良土壤结构。耕作时应考虑当地降水条件，防止水土流失。对土壤深厚、松软、肥沃，树冠覆盖度大，病虫草害少的茶园可实行减耕或免耕。

（4）提倡放养蚯蚓和使用有益微生物等生物措施改善土壤的理化和生物性状，但微生物不能用基因工程产品。

（5）行距较宽、幼龄和台刈改造的茶园，优先间作豆科绿肥，以培肥土壤和防止水土流失，但间作的绿肥或作物必须按有机农业生产方式栽培。

（6）土壤相对含水量低于 70% 时，茶园需适当灌溉。灌溉用水符合 DB522700/T 016 的要求。

2．茶园耕锄

（1）早春中耕：中耕的深度为 10 ~ 15 cm。一般在 3 月份（惊蛰—清明）进行。

（2）晚春浅锄：在 5 月中下旬进行，深度约为 10 cn，以能达到锄去杂草根系为宜。

（3）夏季浅锄：在 7 月中旬左右，深度 7 ~ 8 cm。主要是为了减少土壤失水，又消灭杂草。

（4）秋季深耕：在秋季进行的一次较深（10 ~ 25 cm）的耕作，在农历的 7、8 月进行。有利于根的生长，促进根的更新，以及提高根的吸收能力，从而使茶树能蓄积较多养分过冬，为来年生长做充分准备。

3．衰老茶园耕锄

衰老茶园深耕，应结合树冠改造进行。通常在地上部树冠改造的同时，有目的地进行地下部根系的更新复壮，以提高茶树对土壤营养的吸收能力。因此，在地上部更新改造的同时，对衰老茶园土壤，结合茶园初冬季施基肥，进行一次全面深耕，这样有目的地切断部分茶树根系，虽然会对茶树生长造成暂时的损伤，但只要技术措施得当，却能换来茶树的健康生长。

（四）茶园施肥

1. 施肥原则

（1）有机肥为主，有机肥与无机肥相结合。

（2）氮、磷、钾三要素配合施用。

（3）重视基肥，分期追肥。

（4）掌握肥料性质，合理用肥。

2. 肥料选用

（1）有机肥：包括经无公害化处理的堆肥、沤肥、厩肥、沼气肥、绿肥、饼肥及有机茶专用肥，一般用作基肥。

有机肥中污染物含量应符合表 4-5 规定，并经有机认证机构的认证；农家肥在施用前应充分腐熟，并进行无害化处理；油饼应充分发酵。

表 4-5　有机肥中污染物允许含量单位为 mg/kg

项目	砷（As）	汞（Hg）	镉（Cd）	铬（Cr）	铅（Pb）	铜（Cu）	六六六	滴滴涕
浓度限值≤	30	5	3	70	60	250	0.2	0.2

（2）矿物源肥料、微量元素肥料和微生物肥料：应按 GB/T 19630.1 和 NY/T 227 的要求选用，在确认茶树有潜在缺素危险时可用微量元素肥料作为叶面肥喷施。

（3）土壤培肥过程中允许和限制使用的物质见表 4-6。

表 4-6　有机茶园允许和限制使用的土壤培肥和改良物质

类　别	名　称	使用条件
有机农业体系生产的物质	农家肥	允许使用
	茶树修剪枝叶	允许使用
	绿肥	允许使用
非有机农业体系生产的物质	茶树修剪枝叶、绿肥和作物秸秆	限制使用
	农家肥（包括堆肥、派肥、感肥、沼气肥、家畜类尿等）	限制使用
	饼肥（包括菜籽饼、豆饼、棉籽饼、芝麻饼、花生饼等）	未经化学方法加工的允许使用

续表

类 别	名 称	使用条件
非有机农业体系生产的物质	充分腐熟的人类尿	只能用于浇施茶树根部，不能用作叶面肥
	未经化学处理木材产生的木料、树皮、锯屑、刨花、木灰和木炭等	限制使用
	海草及其用物理方法生产的产品	限制使用
	未掺杂防腐剂的动物血、肉骨头和皮毛	限制使用
	不含合成添加剂的食品工业副产品	限制使用
	鱼粉、骨粉	限制使用
	不含合成添加剂的泥炭、褐灰、风化煤等含腐殖酸类的物质	允许使用
	经有机认证机构认证的有机茶专用肥	允许使用
矿物质	白云石粉、石灰石和白垩	用于严重酸化的土壤
	碱性炉渣	限制使用，只能用于严重酸化的土壤
	低氯钾矿粉	未经化学方法浓缩的允许使用
	微量元素	限制使用，只能用作叶面肥
	天然硫黄粉	允许使用
	镁矿粉	允许使用
	氯化钙，石膏	允许使用
	窑灰	限制使用，只能用于严重酸化的土壤
	磷矿粉	镉含量大于 90 mg/kg 的允许使用
	泻盐类（含水硫酸岩）	允许使用
	硼酸岩	允许使用
其他物质	非基因工程生产的微生物肥料（固氮菌、根瘤菌、磷细菌和硅酸允许使用盐细菌肥料等）	允许使用
	经农业部登记和有机认证的叶面肥	允许使用
	来污染的植物制品及其提取物	允许使用

（4）禁止使用化学肥料和含有毒、有害物质的城市垃圾、污泥和其他物质等。

以有机肥为主，化肥为辅，有机肥和化肥配合施用，肥料的选用应符合 NY/T5018 规定。化肥中的氮肥 1/3 与有机肥混合，用作基肥，2/3 用作追肥，磷、钾肥主要用作基肥。少施和不施氯化铵、氯化钾，以免对茶树造成氯害。

3．施肥方法

茶园采摘的茶蓬覆盖度一般都在 70%以上，施肥开沟的位置在大行中间即可。平地茶园一边或两边施肥，坡地茶园和斜面宽梯的茶园在茶行上方的一边施肥，以减少肥料的损失。

（1）基肥

① 时期：在茶树的地上部分停止生长后施肥，一般在 10 月中下旬施入。

② 用量：种茶前，每 667 m^2 施有机肥 1000 kg，配合油饼 100 kg、复混肥 100 kg 作为基肥；投产茶树，每 667 m^2 年施有机肥 1000 kg，配合复混肥 150 kg、油饼 150 kg 作为基肥；种茶 6 年后，采用测土配方施肥，将复混肥改为茶叶专用肥。

③ 方法：开沟深施，施肥深度 20 cm 以上，采摘茶园 20～30 cm，3～4 年生茶树 20～25 cm。

（2）追肥

① 时期：① 催芽肥，在春茶萌动之前约 15 d 施入；② 夏季追肥，在春茶结束后 5 月下旬适时施入；③ 秋季追肥，在夏茶结束后 7 月下旬适时施入。

② 用量：主要施用速效氮肥，幼龄茶园施用量主要依树龄来确定；1 年生幼苗每 667 m^2 施纯氮 3 kg（兑水淋施），2 年生茶园每 667 m^2 施纯氮 7～8 kg，3 年生茶园每 667 m^2 施纯氮 10～12 kg；4 年后按产量施用，一般每 667 m^2 茶园，年产毛尖茶（干茶）20 kg，需施纯氮 5～13 kg（含基肥中的氮量），以此计算施肥量的增减。

③ 方法：采摘茶园，将速效氮肥均匀地撒施于小行间的"蓬心土壤"上即可；幼龄茶园，开沟施入，沟深约 10 cm，施后覆土。

（3）茶树根外施肥

选用符合茶树生长的叶面肥料，必须在农业部登记并获得有机认证机构的认证；选择有利的天气，下雨天不宜喷施；喷施的浓度适当，叶面和叶背都喷到；在茶叶采摘前 10 d 停止使用可以结合防治病虫害喷施。

（五）茶树病、虫、草害防治

茶树病虫害防治坚持"预防为主，综合治理"的方针，建立茶树病虫害的预测预报体系，将有害生物控制在防治指标（经济阈值）以下。

1．基本要求

遵循防重于治的原则，从整个茶园生态系统出发，以农业防治为基础，综合运用物理防治和生物防治措施，创造不利于病虫草滋生而有利于各类天敌繁衍的环境条件，增进生物多样性，保持茶园生物平衡，减少各类病虫草害所造成的损失。

病、虫、草害防治所需的所有用品均应符合 GB/T 19630.1 的规定，茶园主要病虫害及防治方法参见表 4-7，茶园病虫害防治允许、限制使用的物质与方法参见表 4-8。

表 4-7 有机茶园主要病虫害及其防治方法

病虫害名称	防治时期	防治措施
假眼小绿叶蝉	5—6 月，8—9 月若虫盛发期，百叶虫口：夏茶 5～6 头，秋茶>10 头时施药防治	1. 分批多次采茶，发生严重时可机采或轻修剪 2. 湿度大的天气，喷施白僵菌制剂 3. 秋末采用石硫合剂封园 4. 可喷施植物源农药：鱼藤酮、清源保
茶毛虫	在 5—6 月中旬，8—9 月；幼虫 3 龄前施药	1. 人工摘除越冬卵块或人工摘除群集的虫叶；结合清园，中耕消灭茧蛹；灯光诱杀成虫 2. 幼虫期喷施茶毛虫病毒制剂 3. 喷施 Bt 制剂，或喷施植物源农药：鱼藤酮、清源保
茶尺蠖	年发生代数多，以第 3、4、5 代（8—9 月下旬）发生严重，每平方米幼虫数>7 头即应防治	1. 组织人工挖蛹，或结合冬耕施基肥深埋虫蛹 2. 灯光诱杀成虫 3. 1～2 龄幼虫期喷施茶尺蠖病毒制剂 4. 喷施 Bt 制剂，或喷施植物源农药：鱼藤酮、清源保
茶橙瘿螨	5 月中下旬、8—9 月发现个别枝条有为害状的点片发生时，即应施药	1. 勤采春茶 2. 发生严重的茶园，可喷施矿物源农药：石硫合剂、矿物油
茶丽纹象甲	5—6 月下旬，成虫盛发期	1. 结合茶园中耕与冬耕施基肥消灭虫蛹 2. 利用成虫假死性人工振落捕杀 3. 幼虫期土施白僵菌制剂或成虫期喷施白僵菌制剂
黑刺粉虱	5 月中下旬，7 月中旬，9 月下旬至 10 月上旬	1. 及时疏枝清园、中耕除草，使茶园通风透光 2. 湿度大的天气喷施粉虱真菌制剂 3. 喷施石硫合剂
茶饼病	春秋季发病期，5 d 中有 3 d 上午日照<3 h，或降雨量 2～5 mm、芽梢发病率>35%	1. 秋季结合深耕施肥，将枯枝落叶深埋土中 2. 喷施多抗霉素 3. 喷施波尔多液

表 4-8 有机茶园病虫害防治允许和限制使用的物质

种类		名称	使用条件
生物源农药	微生物源农药	多抗霉素（多氧美霉素）	限量使用
		浏阳霉素	限量使用
		华光霉素	限量使用
		春雷霉素	限量使用
		白僵菌	限量使用
		绿僵菌	限量使用
		苏云金杆菌	限量使用
		核型多角体病毒	限量使用
		颗粒体病毒	限量使用

续表

种类		名称	使用条件
生物源农药	动物源农药	性信息素	限量使用
		寄生性天敌动物，如券眼蜂	限量使用
		捕食性天敌动物，如瓢虫	限量使用
	植物源农药	苦参碱	限量使用
		鱼藤酮	限量使用
		除虫菊素	限量使用
		印楝素	限量使用
		苦楝	限量使用
		川楝素	限量使用
		植物油	限量使用
		烟叶水	只限于非采茶季节
矿物源农药		石硫合剂、硫悬浮剂	非生产季节使用
		可湿性硫	非生产季节使用
		硫酸铜	非生产季节使用
		石灰半量式波尔多液	非生产季节使用
		石油乳制	非生产季节使用
其他物质元素		二氧化硫	允许使用
		明胶	允许使用
		糖醋	允许使用
		卵磷脂	允许使用
		蚁酸	允许使用
		软皂	允许使用
		热法消毒	允许使用
		机械诱捕	允许使用
		灯光诱捕	允许使用
		色板诱捕	允许使用
		漂白粉	限制使用
		生石灰	限制使用
		硅藻泥	限制使用

2．农业防治

（1）换种、改植或发展新茶园时，选用对当地主要病虫抗性较强的品种。

（2）在夏、秋梢抽发期，分批多次及时采摘茶青加工，重点抑制假眼小绿叶蝉、茶橙瘿螨、茶白星病等危害芽叶的病虫，抑制其种群发展。

（3）通过修剪，可减轻毒蛾类、蚧类等害虫的危害，抑制螨类的越冬基数。

（4）秋末结合施基肥，进行茶园深耕，减少土壤中越冬的鳞翅目和象甲类害虫的数量。

（5）将茶园根际附近的落叶及表土清理至行间与肥料同埋，能有效防治病原真菌的传播和侵染。

3．物理防治

（1）采用人工捕杀，减轻茶毛虫、茶蚕、蓑蛾类、卷叶蛾类、茶丽纹象甲等害虫的危害。

（2）利用害虫的趋性，进行灯光诱杀、色板诱杀、性诱杀或糖醋诱杀。

（3）采用机械或人工方法防除杂草。

4．生物防治

（1）保护和利用当地茶园中的草蛉、瓢虫和寄生蜂等天敌昆虫，以及蜘蛛、捕食螨、蛙类、蜥蜴和鸟类等有益生物，减少人为因素对天敌的伤害。

（2）允许有条件地使用生物源农药，如微生物源农药、植物源农药和动物源农药。

5．化学防治

（1）选用高效、低毒、低残留的农药和安全性高的植物保护剂。

（2）喷洒农药应掌握最佳时期和有效浓度，不要长期固定喷洒一种农药。

（3）生产期间喷洒农药要严格控制施药量和安全间隔期。

（4）施用的化学农药必须符合 NY/T5018 和国家的相关要求。

（5）农药使用准则：① 禁止使用和混配化学合成的杀虫剂、杀菌剂、杀螨剂、除草剂和植物生长调节剂；② 植物源农药宜在病虫害大量发生时使用，矿物源农药应严格控制在非采茶季节使用。

（6）常见茶园禁用农药种类：六六六、滴滴涕、毒杀芬、二溴氯丙烷、杀虫脒、二溴乙烷、除草醚、艾氏剂、狄氏剂、汞制剂、砷、铅类、敌枯双、氟乙酰胺、毒鼠强、涕灭威、硫环磷、地虫硫磷、苯线磷、氰戊菊酯、甲胺磷、甲基对硫酸、对硫酸、久效磷、磷胺、甲拌磷、甲基异柳磷、特丁硫磷、甲基硫环磷、治螟磷、内吸磷、克百威、涕灭威、灭线磷、硫环磷、地虫硫磷、氯唑磷、三氯杀螨醇、草甘膦、氧乐果、水胺硫磷、异柳磷、甘氟、氟乙酸钠、毒鼠硅、对硫磷、久效磷、蝇毒磷。

6．种苗检疫

从国外或外地引种时，必须进行植物检疫，不得将当地尚未发生的危险性病虫草随种子或苗木带入。

三、低产茶园改造

改造低产茶园，要实行“四改”，做到改茶树、改土壤、改园相、改管理相结合，以达到复壮茶树，实现茶园可持续发展。

1. 改茶树

改茶树就是要更新茶树，复壮树势，促进茶树健康生长。这项技术，包括茶树的地上部改造和地下部改造，具体要分别根据情况进行。

（1）茶树的地上部改造：重新塑造茶树树冠。一般说来，对严重衰老的茶树，可采用台刈方法改造树冠，对半衰老或未老先衰的茶树，可采用深修剪或重修剪方法改造树冠，对已衰老的茶树，可有计划地只剪去茶树中的衰老枝条，有目的地蓄养地蘖枝。然后，以地蘖枝和重新抽生的新枝为基础，通过不同程度修剪和留叶采摘，在 2 ~ 3 年内重新塑造广阔的良好茶树树冠，使茶树又一次焕发生机。

（2）茶树的地下部改造：更新和复壮茶树根系。其方法是在地上部树冠更新的同时，实行茶园土壤全面深耕，有目的地切断部分茶树根系，让茶树重新形成新的根系群。同时结合施有机肥进行。一方面可以改良茶园土壤，补充茶树营养；另一方面，还可以促进新根系更快、更多地生长。

2. 改土壤

改土壤是巩固改树效果的基础。对于坡度较陡，容易跑土、跑水、跑肥的“三跑茶园”，要做好砌坎保土工作。对土层瘠薄的低产茶园，要实行深耕改土，必要时还须加培客土，以加深土壤厚度。对于土壤贫瘠的茶园，要增施有机肥，以改善土壤的物理性状，增加土壤养分含量，以最大限度地满足茶树生长需求。

3. 改园相

改园相是指改造低产茶园的园相。低产茶园，除茶衰败外，还缺株断行，茶丛零星，种植密度不足，茶园覆度低。对这类茶园，常要进行补缺改造。凡条栽茶园，每亩应补至 1300 丛左右。补缺时，应尽量参照原有种植方式进行，或丛栽，或条栽，应保持茶园固有园相。

4. 改管理

改管理就是要改进管理，如增施肥料，适时修剪，合理采摘，防治病虫等，以用来巩固茶树改造成果。同时，还要注意改善生态环境，提倡植树造林，促进茶树健壮生长。

四、有机转换茶园管理

（1）常规茶园成为有机茶园需要经过转换，生产者在转换期间必须完全按本生产技术规范的要求进行管理和操作。

（2）有机茶园的转换期一般为3年。但某些已经在按本生产技术规范管理或种植的茶园，或荒芜的茶园，如能提供真实的书面证明材料和生产技术档案，则可以缩短甚至免除转换期。

（3）已认证的有机茶园一旦改为常规生产方式，则需要重新经过有机转换才能申请有机认证。

第四节 茶园农事活动安排

【问题探讨】

二十四节气是我国劳动人民独创的文化遗产，可反映季节的变化，指导农事活动，并影响千家万户的衣食住行。茶树的栽培管理具有明显的季节性，因此二十四节气对茶园农事也有重要的指导意义。

【讨　论】

（1）茶树扦插与种植在什么节气为宜，为什么？

茶树作为一种多年生经济作物，在其年生长周期中具有明显规律性，根据年生长规律所从事的茶树栽培管理也具有明显的季节性特点，现将我省茶区茶树栽培管理的一年主要农事归纳如表4-9、表4-10：

表4-9 茶事活动安排表

月份	一月		二月		三月		四月		五月		六月	
节气	小寒	大寒	立春	雨水	惊蛰	春分	清明	谷雨	立夏	小满	芒种	夏至
生长时期	休眠期		休眠期		越冬芽萌发		第一次生长春茶（生长期）		第一次生长下旬，进入第一次休止		夏茶生长期，花芽分化	
茶园管理技术内容	1. 开垦茶园 2. 巩固基础设施 3. 积肥 4. 防虫治病 5. 采茶		1. 茶树栽植 2. 茶树施肥 3. 茶园防寒 4. 适时采茶 5. 防虫防病 6. 春茶加工前的准备工作		1. 修剪 2. 茶树栽植 3. 茶树施肥 4. 茶园防寒防旱 5. 病虫害防治 6. 适时采茶		1. 茶叶采摘与加工 2. 茶园防寒防旱 3. 茶树病虫害防治 4. 低产茶园改造 5. 茶园除草 6. 播种绿肥 7. 植树绿化		1. 茶叶采摘 2. 茶园除草施肥 3. 茶园修剪 4. 树冠改造 5. 遮阴 6. 茶树病虫害防治		1. 茶叶采摘 2. 茶园除草施肥 3. 茶园修剪 4. 病虫害防治	

续表

月份	七月		八月		九月		十月		十一月		十二月	
节气	小暑	大暑	立秋	处暑	白露	秋分	寒露	霜降	立冬	小雪	大雪	冬至
生长时期	夏茶生长期（下旬），现花蕾		秋茶生长，花蕾膨大		秋茶生长，始花期		休眠期，盛花期		终花期，茶籽成熟		冬眠期	
茶园管理技术内容	1. 夏茶采摘和树冠管理 2. 茶园除草施肥 3. 茶树病虫害防治 4. 扦插 5. 注意抗旱		1. 抗旱 2. 施肥 3. 鲜叶采摘 4. 茶园除草 5. 茶树病虫害防治		1. 施肥 2. 采摘 3. 防旱 4. 茶树病虫害防治 5. 秋插		1. 茶树栽培 2. 病虫害防治 3. 封园管理 4. 采收茶籽		1. 施肥 2. 茶树轻修剪，整蓬（上旬） 3. 冬播冬种 4. 清园 5. 防冻 6. 病虫害防治 7. 封园管理		1. 开垦新茶园 2. 防冻 3. 清园 4. 封园管理	

表 4-10　二十四节气表

季节			
春季	立春 2 月 3～5 日	雨水 2 月 18～20 日	惊蛰 3 月 5～7 日
	春分 3 月 20～22 日	清明 4 月 4～6 日	谷雨 4 月 19～21 日
夏季	立夏 5 月 5～7 日	小满 5 月 20～22 日	芒种 6 月 5～7 日
	夏至 6 月 21～22 日	小暑 7 月 6～8 日	大暑 7 月 22 日～24 日
秋季	立秋 8 月 7～9 日	处暑 8 月 22～24 日	白露 9 月 7～9 日
	秋分 9 月 22～24 日	寒露 10 月 8～9 日	霜降 10 月 23～24 日
冬季	立冬 11 月 7～8 日	小雪 11 月 22～23 日	大雪 12 月 6～8 日
	冬至 12 月 21～23	小寒 1 月 5～7 日	大寒 1 月 20～21 日

【思考与讨论】

根据生物学有关知识，思考并解释病虫害防治所使用的生物学原理是什么。

【课外阅读资料】

茶园农事每月活动

一、一月份（小寒—大寒）

（1）开垦新茶园：清除杂草，深翻土地，修筑梯田，整理梯面，平整土地。

（2）巩固基础设施：修建水蓄、疏通排水系统，修固梯坎，修理和改建茶园道路，挖积泥坑、鱼鳞坑等。

（3）积肥：收集枯枝落叶和山草，堆肥，沤肥，烧燕泥灰。

（4）防虫治病：剪去病枝、除去卵块、剥地衣。

（5）采茶：岭南茶区的热带茶园还可采茶。

二、二月份（立春—雨水）

1. 茶树栽植

进行茶苗栽植、定型修剪、浇定根水，改造茶园要完成换种改植或归并移植，建设新茶园。

2. 茶树施肥

生产茶园春茶开采前 30～40 d 施催芽肥（沿树冠滴水线开施肥沟深 10 cm、宽 10 cm，施肥后以土盖沟平地），做好春茶生产准备。

3. 茶园防寒

在有霜冻的茶区，做好茶树防霜冻工作。

4. 适时采茶

根据加工鲜叶要求和茶芽生长情况，适时采摘加工名优茶。

5. 防虫防病

摘除茶园中害虫虫囊（蓑蛾）、虫苞（卷叶蛾）、卵块（茶毛虫），刮除蚧类、苔藓地衣等，清洁茶园、修剪病虫枯枝，通过加强农业防治，抑制病虫害发生。

6. 春茶加工前的准备工作

（1）加工环境和场地的清洁

茶叶加工厂的院落和环境要进行一次彻底清扫，包括加工车间、仓库和其他辅助用房，墙壁、地面和门窗要擦拭和清洗，为新茶季准备一个整齐清洁的加工环境条件。

（2）茶叶加工设备的维修保养和添置

茶叶加工设备和生产线要做一次全面检查，并全面擦拭和清洁；如需添置设备应及时联系和采购，并尽快安装调试，以免贻误茶季；在去年茶季结束曾做过保养的设备和生产线，在去除覆盖的塑料膜后，应注意清除机器上的防锈油；如设备在去年茶季结束未来得及做保养，春茶前应做一次全面的维护保养，认真检查机器是否存在故障和有损坏的零部件及各配合间隙是否符合要求；加工设备或生产线须进行试运转，及时排除异常，并按规定加注润滑油，以保证春茶期间加工设备和生产线能完全正常投入运行。

（3）制茶燃料、辅助材料和工具的准备

备足液化石油气、煤、柴等燃料和制茶专用油等辅助材料，以及搬运小车、竹编茶具等用具。

（4）配备好采摘和加工人员，抓好培训

及时配备和招聘数量足够的采茶工和加工厂操作工人，进行加工前的培训，包括鲜叶采摘技术、茶叶加工技术、安全生产技术、茶叶加工卫生制度等培训。

三、三月份（惊蛰—春分）

1. 修剪

幼龄茶树定型修剪，采摘茶树轻修剪，需要在春茶前进行改造的茶园，要进行台刈或重修剪。

2. 茶树栽植

先后进入新茶园栽植高峰期，按期完成茶苗移栽各项工作。

3. 茶树施肥

根据茶芽萌发情况，在采茶前 15 d 施催芽肥，高山茶园喷施 0.5%的磷酸氢二钾或磷酸二氢钾预防赤星病，并行间全面松土、浅耕。

4. 茶园防寒防旱

在易发春寒的茶区，做好茶树防霜冻工作。部分茶区春天干旱，需适当灌水或施根外肥，促进芽叶早发。

5. 适时采茶

大部分茶区茶园先后进入开采期，要适时开采，抓住春季高效茶叶产品的生产。

6. 病虫害防治

随着气温升高，茶事活动进入名茶采摘旺季，茶园越冬病虫逐渐进入生长繁育时期。配合茶园采摘，及时摘除茶毛虫、卷叶蛾虫苞、蓑蛾虫囊等虫源；茶园中应设置杀虫灯（黑光灯、多家频振灯等），诱杀鳞翅目类越冬虫蛹羽化成虫；设置黄板，诱杀假眼小绿叶蝉越冬成虫、黑刺粉虱羽化成虫。通过农业、物理措施，压低第一代虫口基数，抑制病虫发生。同时，加强茶园病虫测报工作，掌握病虫发生动态。

四、四月份（清明—谷雨）

1. 茶叶采摘与加工

茶区先后进入名优茶采摘高峰期，需要及时组织采茶工和炒茶工，按产品的鲜叶要求抓好采摘标准，按标准加工茶叶。

2. 茶园防寒防旱

注意茶园防旱抗旱工作，受旱茶园使用 0.3%～0.5% 尿素和 0.2%～0.4% 磷酸二氢钾进行叶面喷肥，恢复树势和增加水分。幼龄茶园浇水保苗，需浇透浇足，茶行两侧铺草覆盖或地膜覆盖，减少土壤蒸发。

在容易发生倒春寒的茶区要因地制宜地预防春寒对茶苗和茶树新发芽叶的危害。

3. 茶树病虫害防治

山区茶园常见茶毛虫和茶黑毒蛾等鳞翅目害虫，随着越冬虫蛹羽化产卵，茶园中会逐渐出现幼虫为害，黑刺粉虱、越冬虫蛹也相继进入羽化盛期。针对上述害虫发生情况，提出如下防治措施。

（1）选择灯诱或性诱剂防治茶毛虫、茶尺蠖、茶黑毒蛾、卷叶蛾等鳞翅目类害虫成虫；黄板诱杀黑刺粉虱成虫、小绿叶蝉越冬成虫。

（2）人工摘除或选用 0.6% 清源保 1000～1500 倍（50～75 mL/亩）、苏云金杆菌

（Bt）300～500倍液（150～250 mL/亩）等生物农药，及时挑治咀嚼式口器害虫的虫源中心，控制其扩散蔓延。

（3）及时采摘，压低趋嫩性强的吸汁型口器害虫（绿盲蝽、茶蚜、茶黄蓟马以及绿叶蝉等）的虫口密度，减轻为害。

（4）茶园用药控制病虫害，须注意鲜叶采摘的安全间隔期，控制农药残留量。

春季，易发生低温高湿性病害。对高山茶区的白星病，西南茶区的茶饼病病害的流行，可选用50%苯菌灵1000倍液（75～100 g/亩）、10%多抗霉素600～1000倍液、70%甲基托布津1000～1500倍液（50～75 g/亩）、多菌灵800～1000倍液（75～100 g/亩）等杀菌剂控制病害流行。

4. 低产茶园改造

计划进行改造的低产茶园，在本月下旬进行重修剪或台刈。

5. 茶园除草

杂草茂盛的茶园，在本月天气晴朗的时段进行一次耕锄除草；在封行的成龄茶园，杂草较少，可以不进行耕锄，以生草养园。

6. 播种绿肥

间作冬季绿肥的茶园开始翻理绿肥，新垦茶园播种大叶猪尿豆等光锋绿肥，幼龄茶园播种乌血豆等速生接生绿肥。

7. 植树绿化

新垦茶园道路两边种树造林绿化、防风，梯坎上种护坡植物（紫穗槐、爬地兰、木豆等）

五、五月份（立夏—小满）

1. 茶叶采摘

生产茶园继续采摘，机械采茶注意按操作规程进行。

2. 茶园除草施肥

春茶停采后茶园进行锄草浅耕（10～15 cm）和施肥，追肥一般在行间树冠外缘垂直位置地面开5～10 cm浅沟施后覆土，施肥与锄草浅耕相结合。

3. 茶园修剪

平面树冠采摘茶园进行轻修剪或深修剪。轻修剪幅度为剪去树冠表面3～5 cm叶层，深修剪幅度为5～10 cm。立体蓄梢采摘茶园进行重修剪，修剪离地高度40～50 cm，重修剪后留养蓄梢。衰老茶园抓紧多雨季节根据树势情况进行台刈或重修剪改造。

4. 树冠改造

需要改造的老茶园，春茶结束后立即台刈或重剪，并立即施肥。

5. 遮阴

已出土和新种植的茶苗，在向阳面搭上松毛或其他遮阴物进行遮阴，干旱严重的茶园要灌水或施稀薄的人尿。

6. 茶树病虫害防治

5月春茶陆续结束，茶树进入夏茶前休眠期，伴随着施夏肥，病虫防治也进入较为有利的时期，及时观察病虫情况，有虫必治。

六、六月份（芒种—夏至）

1. 茶叶采摘

生产茶园采摘夏茶，有条件地区尽量实施机采。

2. 茶园除草施肥

茶园杂草生长影响茶树生长的须进行一次除草，适量增施肥料，施肥与除草相结合。幼龄茶园施肥量适当增加，还可根据当地特点选择种植夏季绿肥。

3. 茶园修剪

不采夏秋茶的生产茶园，可进行重修剪，培养立体采摘树冠。

4. 病虫害防治

各地茶区可常见到茶毛虫、黑毒蛾、卷叶蛾、刺蛾、茶尺蠖、叶蝉、丽纹象甲、蚧壳虫以及云纹叶枯病、炭疽病等病虫害发生，针对茶园主要病虫害发生种类及情况，提出如下防治措施。

（1）物理诱杀。茶毛虫、茶尺蠖、茶细蛾等鳞翅目类等害虫的成虫期可应用杀虫灯（50 亩/盏），或在 10 亩茶园中按正三角形（间距 50 m）设置诱捕器，进行田间诱杀，可有效地控制下代虫口基数。

（2）农业防治。对茶叶象甲成虫、茶籽象甲成虫，进行人工振落捕杀，对蓑蛾、刺蛾、小卷叶蛾卵块、茶毛虫卵块可摘除捕杀。同时，通过及时采摘，压低趋嫩性强的吸汁型口器害虫茶蚜、叶蝉等的虫口密度，减轻危害。

（3）药剂防治。为了有效地控制病虫危害，根据主要病虫害防治指标，合理选用农药。

七、七月份（小暑—大暑）

1. 夏茶采摘和树冠管理

生产茶园采摘夏茶，有条件的地区尽量实施机采，以降低成本，机采时注意按操作规程进行，树冠较薄茶园可考虑夏茶留养，增厚叶层。春茶后重修剪茶园注意留养，加强病虫害防治。机采夏茶根据市场情况和当地习惯主要生产红茶、黑毛茶或茶叶提取物原料。

2. 茶园除草施肥

新建和改植茶园要及时拔草和锄草，用农作物秸秆进行地面覆盖既可防旱保苗，也可防护大雨对茶园地面冲刷造成的水土流失。伏旱季节要进行全面抗旱、灌水、根外施肥，可用经稀释的腐熟人粪尿浇灌幼龄茶树，增强抗旱能力，提高成活率。间种的速生绿肥结合耕作进行翻埋，高秆绿肥要进行台割。夏茶结束后争取在伏旱来临前追下第三次肥料。

3. 茶树病虫害防治

进入夏季，大部分地区经历梅雨季和汛期，利于叶蝉的繁殖。茶树病虫害主要的防治对象多为年发生代数多、世代重叠的叶蝉、螨类（茶橙瘿螨、跗线螨等）以及炭疽、云纹叶枯病等叶部病害。针对这一时期病虫发生种类及情况，提出如下防治措施。

（1）树立“绿色植保、公共植保”理念，重视农业、物理防治手段，尽量减少化学农药用量，保护和利用天敌，实施茶树病虫害的综合治理。

（2）及时采摘嫩梢，减少趋嫩性害虫（叶蝉、叶螨、蚜虫、细蛾等）食料和栖息场所，控制其危害。

（3）抓住晴好天气，及时控制目标害虫的虫口密度。药剂防治首选生物农药，注意合理用药和农药轮换。

4. 扦插

做苗床、搭荫棚、剪插穗，进行夏插。

5. 注意抗旱。

八、八月份（立秋—处暑）

1. 抗旱

在降雨偏少、发生季节性干旱的茶区，需做好茶园灌溉防旱工作。新建茶园特别注意抗旱保苗，及时浇水或者用腐熟人粪尿按 1∶10 兑水后浇灌。

2. 施肥

搞好茶园管理，采夏秋茶的茶园根据情况施一次茶园追肥。

3. 鲜叶采摘

采摘鲜叶生产红茶，提倡在条件合适的茶园实施机采。

4. 茶园除草

根据茶园情况进行除草，特别是新建茶园要更加注意除草工作。

5. 茶树病虫害防治

（1）加强综合防治措施，注意控制夏秋季茶园中主要病虫害（叶蝉、螨类、蚧类、茶云纹叶枯病和茶轮斑病等高温湿性病害）的危害发生。

（2）科学用药，统防统治，及时控制目标害虫在经济危害水平之下，确保茶产品安全优质。

九、九月份（白露—秋分）

1. 施肥

结合灌溉可追肥 1～2 次；月底开始开沟深施基肥，以有机肥为主体，可以配施磷钾肥；有条件的地方适宜选种冬季绿肥；结合开沟施基肥和冬季种绿肥，进行茶园除草。

2. 采摘

按茶类原料标准进行采摘，有条件的地方提倡实施机采。

3. 防旱

注意灌溉应对季节性干旱，利用收获的作物秸秆实施茶园行间铺草，种植绿肥的茶园则割刈秋季绿肥铺覆。

4. 茶树病虫害防治

（1）加强田间虫情测报，重视叶蝉、螨类等常发性害虫的防治。加强茶区田间虫情测报工作，及时发现和控制疫情，确保秋茶生产安全优质。

（2）结合采、剪等农业措施，防治茎干钻蛀性害虫。结合老茶园的更新改造，清除被害虫枝，防治茶枝镰蛾、茶梢蛾等茎干钻蛀性害虫；选用百部根、茶籽饼等物从排泄孔中塞入可防治茶天牛幼虫。

（3）物理诱杀茶毛虫成虫，降低越冬基数。在茶毛虫第二代发生较重的部分地区，可选用杀虫灯、性诱剂诱杀茶毛虫成虫，减少茶园落卵量，降低越冬虫基数，从而控制来年该虫的为害程度。

5. 秋插

9月上旬利用夏梢进行秋插。

十、十月份（寒露—霜降）

1. 茶树栽培

（1）冬播冬种：部分茶园播种、移植扦插苗进行冬种。

（2）新建和改植茶园：清除圆边梯旁的杂草，深耕施基肥，以有机肥为主，根旁培土。

（3）生产茶园：中耕深施基肥，完成割草铺园，冬季无严重冻害茶园在入冬前进行轻修剪，时间在霜降前后完成。

2. 病虫害防治

（1）诱杀茶毛虫等成虫，压低越冬基数

在茶毛虫和茶尺蠖发生较为严重的地区，可选用杀虫灯、性诱剂诱杀茶毛虫成虫，减少茶园落卵量，降低越冬基数，控制来年该虫的发生。

（2）茶棍蓟马防治

由于茶棍蓟马无明显越冬现象，10月仍需加强田间管理，及时采摘、修剪，压低茶园田间虫口密度。发生严重的茶园需要进行药剂防治，可选用2.5%鱼藤酮300～500倍液、10%吡虫啉2000～3000倍液、35%赛丹1000倍液、马拉硫磷乳液1000倍液等进行防治。

（3）结合茶园耕作，防治茶丽纹象甲幼虫

根据茶丽纹象甲的生活习性，在10月进行茶园深翻（30 cm以上）松土，将土中茶丽纹象甲幼虫埋入深层或暴露于土表致死，或使幼虫被天敌捕食，可有效降低越冬幼虫基数。

3. 封园管理

一般茶园喷施石硫合剂封园药，结合深耕挖虫蛹，可有效地控制和减少来年茶园病虫害。

4. 采收茶籽

霜降前后收茶果，摊晾干燥。

十一、十一月份（立冬—小雪）

（1）施肥：部分茶区茶园继续施基肥、冬耕、根际培土防冻。

（2）茶树轻修剪，整蓬（上旬）

（3）冬播冬种：部分茶园继续播种、移植扦插苗进行冬种。

（4）清园：茶园开始清理道路，修复梯坝，疏通排、灌系统，清理农具，技术革新，大搞积肥，广辟肥源。

（5）防冻：行间铺草，冬绿肥施焦泥灰。

（6）病虫害防治（同10月份）。

（7）封园管理

十二、十二月份（大雪—冬至）

（1）开垦新茶园。

（2）防冻：高山茶园茶丛适当盖草，冬绿肥盖谷糠、豆叶等，有条件的熏烟防霜。

（3）清园：清沟、修梯、清理杂草等（同11月份）。

（4）封园管理。

【课外实践活动】

活动1　参观茶园，体验摘茶

一、时间

根据教学时间灵活安排。

二、活动地点

杨柳街苗山。

三、活动内容

参观茶园，采茶体验。

四、活动要求

1. 活动前准备

（1）请班主任将班级学生分成几个小组，每小组安排小组长，填写“小组安排表”，活动时以小组为单位活动，将小组长名单告知相应车长。

（2）各班安排学生，在当天活动前为班级领食物。

（3）请班主任提前做好学生的乘车安全教育和茶企茶园纪律教育。

（4）请班主任将所在的车号、上车时间和集合时间准确通知学生，听从小组长和带班老师的指挥，不得单独行动，服从活动安排。

2. 集合出发

（1）根据教学时间安排好时间在操场集合。

（2）按照要求和班级参与活动的人数，到指定地点领取点心。

（3）在指定地点排队有序上车。

3. 车上纪律

文明乘车，不得大声吵闹，不得随意将头、手等部分伸出车外，不得在车厢内随意走动，垃圾入袋，服从司机和车长的安排。

4. 集合回校

以小组为单位，按时集合，找到所在车辆，向车长报道。全部师生到齐后发车回校。

5. 活动反馈

活动 2　茶树短穗扦插

一、时间

10 月，具体时间根据教学时间灵活安排。

二、活动地点

杨柳街苗山。

三、活动内容

茶树剪穗、扦插。

四、活动要求

1. 活动前准备

（1）请班主任将班级学生分成几个小组，每小组安排小组长，填写“小组安排表”，活动时以小组为单位活动，将小组长名单告知相应车长。

（2）各班安排学生，在当天活动前为班级领食物。

（3）请班主任提前做好学生的乘车安全教育和茶企茶园纪律教育。

（4）请班主任将所在的车号、上车时间和集合时间准确通知学生，听从小组长和带班老师的指挥，不得单独行动，服从活动安排。

2. 集合出发

（1）根据教学时间安排好时间在操场集合。

（2）按照要求和班级参与活动的人数，到指定地点领取点心。

（3）在指定地点排队有序上车。

3. 车上纪律

文明乘车，不得大声吵闹，不得随意将头、手等部分伸出车外，不得在车厢内随意走动，垃圾入袋，服从司机和车长的安排。

4. 集合回校

以小组为单位，按时集合，找到所在车辆，向车长报道。全部师生到齐后发车回校。

5. 活动反馈

活动 3　茶苗种植

一、时间

春季 2—3 月，具体时间根据教学时间灵活安排。

二、活动地点

杨柳街苗山。

三、活动内容

茶苗种植。

四、活动要求

1. 活动前准备

（1）请班主任将班级学生分成几个小组，每小组安排小组长，填写“小组安排

表”，活动时以小组为单位活动，将小组长名单告知相应车长。

（2）各班安排学生，在当天活动前为班级领食物。

（3）请班主任提前做好学生的乘车安全教育和茶企茶园纪律教育。

（4）请班主任将所在的车号、上车时间和集合时间准确通知学生，听从小组长和带班老师的指挥，不得单独行动，服从活动安排。

2. 集合出发

（1）根据教学时间安排好时间在操场集合。

（2）按照要求和班级参与活动的人数，到指定地点领取点心。

（3）在指定地点排队有序上车。

3. 车上纪律

文明乘车，不得大声吵闹，不得随意将头、手等部分伸出车外，不得在车厢内随意走动，垃圾入袋，服从司机和车长的安排。

4. 集合回校

以小组为单位，按时集合，找到所在车辆，向车长报道。全部师生到齐后发车回校。

5. 活动反馈

活动4 茶园施肥

一、时间

春茶开采前或秋季修剪之后，具体时间根据教学时间灵活安排。

二、活动地点

杨柳街苗山。

三、活动内容

茶园施肥。

四、活动要求

1. 活动前准备

（1）请班主任将班级学生分成几个小组，每小组安排小组长，填写“小组安排表”，活动时以小组为单位活动，将小组长名单告知相应车长。

（2）各班安排学生，在当天活动前为班级领食物。

（3）请班主任提前做好学生的乘车安全教育和茶企茶园纪律教育。

（4）请班主任将所在的车号、上车时间和集合时间准确通知学生，听从小组长和带班老师的指挥，不得单独行动，服从活动安排。

2. 集合出发

（1）根据教学时间安排好时间在操场集合。

（2）按照要求和班级参与活动的人数，到指定地点领取点心。

（3）在指定地点排队有序上车。

3. 车上纪律

文明乘车，不得大声吵闹，不得随意将头、手等部分伸出车外，不得在车厢内随意走动，垃圾入袋，服从司机和车长的安排。

4. 集合回校

以小组为单位，按时集合，找到所在车辆，向车长报道。全部师生到齐后发车回校。

5. 活动反馈

活动5　茶园杂草识别

一、时间

根据教学时间灵活安排。

二、活动地点

杨柳街苗山。

三、活动内容

茶园杂草识别。

四、活动要求

1. 活动前准备

（1）请班主任将班级学生分成几个小组，每小组安排小组长，填写“小组安排表”，活动时以小组为单位活动，将小组长名单告知相应车长。

（2）各班安排学生，在当天活动前为班级领食物。

（3）请班主任提前做好学生的乘车安全教育和茶企茶园纪律教育。

（4）请班主任将所在的车号、上车时间和集合时间准确通知学生，听从小组长和带班老师的指挥，不得单独行动，服从活动安排。

2. 集合出发

（1）根据教学时间安排好时间在操场集合。

（2）按照要求和班级参与活动的人数，到指定地点领取点心。

（3）在指定地点排队有序上车。

3. 车上纪律

文明乘车，不得大声吵闹，不得随意将头、手等部分伸出车外，不得在车厢内随意走动，垃圾入袋，服从司机和车长的安排。

4. 集合回校

以小组为单位，按时集合，找到所在车辆，向车长报道。全部师生到齐后发车回校。

5. 活动反馈

活动6　茶树主要害虫识别

一、时间

根据教学时间灵活安排。

二、活动地点

杨柳街苗山。

三、活动内容

茶树主要害虫识别。

四、活动要求

1. 活动前准备

（1）请班主任将班级学生分成几个小组，每小组安排小组长，填写“小组安排表”，活动时以小组为单位活动，将小组长名单告知相应车长。

（2）各班安排学生，在当天活动前为班级领食物。

（3）请班主任提前做好学生的乘车安全教育和茶企茶园纪律教育。

（4）请班主任将所在的车号、上车时间和集合时间准确通知学生，听从小组长和带班老师的指挥，不得单独行动，服从活动安排。

2. 集合出发

（1）根据教学时间安排好时间在操场集合。

（2）按照要求和班级参与活动的人数，到指定地点领取点心。

（3）在指定地点排队有序上车。

3. 车上纪律

文明乘车，不得大声吵闹，不得随意将头、手等部分伸出车外，不得在车厢内随意走动，垃圾入袋，服从司机和车长的安排。

4. 集合回校

以小组为单位，按时集合，找到所在车辆，向车长报道。全部师生到齐后发车回校。

5. 活动反馈

活动 7　茶树主要病害识别

一、时间

根据教学时间灵活安排。

二、活动地点

杨柳街苗山。

三、活动内容

茶树主要病害识别。

四、活动要求

1. 活动前准备

（1）请班主任将班级学生分成几个小组，每小组安排小组长，填写“小组安排表”，活动时以小组为单位活动，将小组长名单告知相应车长。

（2）各班安排学生，在当天活动前为班级领食物。

（3）请班主任提前做好学生的乘车安全教育和茶企茶园纪律教育。

（4）请班主任将所在的车号、上车时间和集合时间准确通知学生，听从小组长和带班老师的指挥，不得单独行动，服从活动安排。

2. 集合出发

（1）根据教学时间安排好时间在操场集合。

（2）按照要求和班级参与活动的人数，到指定地点领取点心。

（3）在指定地点排队有序上车。

3. 车上纪律

文明乘车，不得大声吵闹，不得随意将头、手等部分伸出车外，不得在车厢内随意走动，垃圾入袋，服从司机和车长的安排。

4. 集合回校

以小组为单位，按时集合，找到所在车辆，向车长报道。全部师生到齐后发车回校。

5. 活动反馈

复习题

1. 黔南州古树资源主要分布在哪些区域？
2. 黔南州茶树资源的主要优势是什么？
3. 简述福鼎大白茶树的品种特征。
4. 简述都匀毛尖本地群体种茶树的特征。
5. 简述鸟王种茶树的品种特征。
6. 茶树繁育方式分为哪几种？分别有什么优缺点？
7. 扦插育苗时插穗如何剪去？
8. 短穗扦插的时间有哪些？各有哪些优缺点？
9. 苗圃的管理应注意哪些方面？
10. 如何规划茶园道路？
11. 茶树的种植方式有哪些？
12. 茶苗的移栽时间分哪几段？
13. 提高移栽茶苗的存活率应注意哪些问题？
14. 茶园初期管理应注意哪些问题？
15. 茶园施肥的原则是什么？
16. 茶园施肥的方法是什么？
17. 茶树修剪包括几个方面？分别有哪些技术要点？
18. 茶树修剪后应该如何管理？
19. 茶树病虫害防治包括哪些措施？
20. 低产茶园的改造包括哪些方面的内容？
21. 简述茶树的主要生理器官及形成过程的生理变化。
22. 简述茶树总发育周期。
23. 简述茶树年发育周期。

第五章 茶之具

中国有一句古话："工欲善其事，必先利其器"。由此可见，工具向来为人们所重视。茶的加工用具要求用无毒、无异味、不污染茶叶的材料制成。根据不同茶类的品质要求，选择的加工用具不尽相同。名优绿茶中的都匀毛尖加工方式包括传统加工和机械加工，所需加工用具须由加工方式决定。

第一节 都匀毛尖的传统加工用具

【问题讨论】

都匀毛尖传统加工方法为人工炒制，其加工用具分为鲜叶采摘用具及茶叶加工用具。因从鲜叶至成茶都是在炒茶锅中一气呵成，所以茶叶加工用具较为简易。

【讨　　论】

鲜叶采摘用具有什么要求？都匀毛尖茶的传统加工用具有哪些？

一、鲜叶采摘用具

1．竹　篮

一般用竹或藤编制而成，多为圆形或椭圆形，敞口较大（图 5-1）。采茶时，竹篮悬挂于左前臂，右手采茶。

2．竹　篓

一般用竹或藤编制而成的不规则圆柱形盛器，敞口约为 8 cm，口径较竹篮小（图 5-2）。采茶时，竹篓悬挂于左前臂，右手采茶。

图 5-1　竹篮

图 5-2　竹篓

3．背　篓

背篓，又叫背篼，是用竹、藤、柳条等编制而成的、能背在背上运送东西的器具（图 5-3）。老少皆宜，是农家常用的运输器具。

背篓大小不一，茶农早晨或下午采好的茶，常通过它运送下山。

4．竹　筐

竹筐，是指用竹篾编成的、能用扁担挑在肩上运送东西的器具，常用于地势相对平坦的地方（图 5-4）。竹筐大小不一，因其容积相对背篓较大，在相对平坦的区域，茶农采好的茶，常用竹筐挑着下山。

图 5-3　背篓

图 5-4　竹筐

鲜叶采摘时需用透气性良好的篮、篓进行盛装，通常竹制的运用较为普遍。

二、茶叶加工用具

1．萎凋筛

用于摊放茶青，使鲜叶散失水分，便于萎凋过程中移动茶青或对茶青进行并筛等操作，通常采用直径为 106 cm 的竹制萎凋筛（图 5-5）。

图 5-5　萎凋筛

2．电炒锅

电炒锅是手工制茶杀青设备，常用于手工加工绿茶的杀青和干燥工序（图 5-6）。

图 5-6　电炒锅

第二节　都匀毛尖的机械加工用具

【问题探讨】

都匀毛尖茶的机械加工在大量生产过程中代替人工高温杀青、高温揉捻，可稳定品质，降低毛尖茶的加工成本，但多数机制毛尖茶都达不到传统工艺的外形标准要求，这与加工用具密切相关。

【讨　　论】

都匀毛尖茶的机械加工包括哪些加工机械？各有什么作用？

一、鲜叶分级

采摘标准不一，鲜叶等级不同，导致杀青、揉捻等工艺程度不易控制；因此，需根据鲜叶老嫩、重量进行分级，一般细嫩的等级较高，粗老的等级较低。

鲜叶分级机由喂料斗、锥形筒筛、接斗茶及传动机构等组成（图 5-7）。鲜叶从喂料斗进入锥形筒筛，随着筛网移动，因网格由密到疏，从而选出不同等级的鲜叶。

图 5-7　鲜叶分级机

二、萎凋机械

（一）萎凋槽

萎凋槽利用大风量穿透叶层的方法，使萎凋的效率和品质都得到了明显提高，成为当今茶叶加工厂普遍应用的萎凋设备。按其结构形式可分为砖木结构、金属结构和大型萎凋槽三种。

1．砖木结构萎凋槽

砖木结构萎凋槽两侧槽体用砖砌或木板制成，槽底从前端向尾部出叶端上斜约40°，使前后风速均匀；槽面铺放竹帘或铁丝网柜箱，有的竹帘尾端设有手摇木轴，可以摇帘卸叶或上叶。

2．金属结构萎凋槽

金属结构萎凋槽技术参数与砖木结构基本相同，只是槽体采用钢结构与钢板制成，槽面铺不锈钢网或铜丝网，两侧用滚子链传动。铜丝网固定在托杆上，托杆两端套在滚子链的销轴上。动力通过涡轮蜗杆减速箱驱动不锈钢网做正反向运动，以便上叶和下叶。槽前端连接喇叭管、冷风调节管、热交换器及轴流风机。

3．大型萎凋槽

大型萎凋槽是一种各项技术参数都增大的萎凋槽（图 5-8），主要构成如下。

（1）槽体：一般砖砌成，或用木板或铁板制成；槽体前部为连接通风机的喇叭形风管，连接着倾斜的槽底，两侧垂直成槽壁，形成槽体。

（2）萎凋帘架：由萎凋帘、电动机、涡轮蜗杆减速箱、传动机构和匀叶轮组成的，起到通风、盛叶、上叶、出叶的作用；一般用金属丝网或尼龙网织成，简易的萎凋帘可用竹片制成。

（3）风源（分为热风和冷风）：萎凋时，鲜叶内水分的蒸发需要热空气。

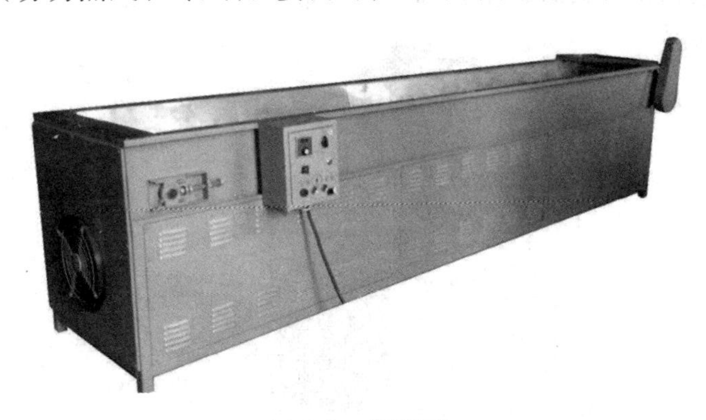

图 5-8　萎凋槽

三、杀青机械

杀青主要目的是通过高温破坏和钝化鲜叶中的氧化酶活性，抑制鲜叶中的茶多酚等的酶促氧化，防止烘干过程中变色；同时散发青臭味，促进良好香气的形成。杀青机械多采用滚筒杀青机、微波杀青机、蒸汽杀青机、锅式杀青等。

（一）滚筒杀青机

滚筒杀青机具有茶叶鲜叶杀青、滚炒等功能。其结构包括机架、传动机构、滚筒以及左侧的进料斗，滚筒下面的加热装置，滚筒顶部的热风包、风机、进风管（图5-9）。在使用过程中，热风包内空气吸收热源装置产生的余热，风机向热风包吹入热气，热空气由滚筒进茶口吹入滚筒内；出叶口设置扬叶器，对杀青后茶叶强制风冷。

图 5-9　滚筒杀青机

（二）微波杀青机

微波杀青机是一种新型的茶叶杀青设备，比锅式杀青、滚筒式杀青等传统设备杀青速度快、效率高、效果好、节能、清洁卫生。一般由投料口、传动结构、微波加热结构及出料口组成（图5-10）。鲜叶经投料口进入，经传送带输送到微波加热区进行杀青，后由出料口输送出，其台时产量可达 15 ~ 100 kg。

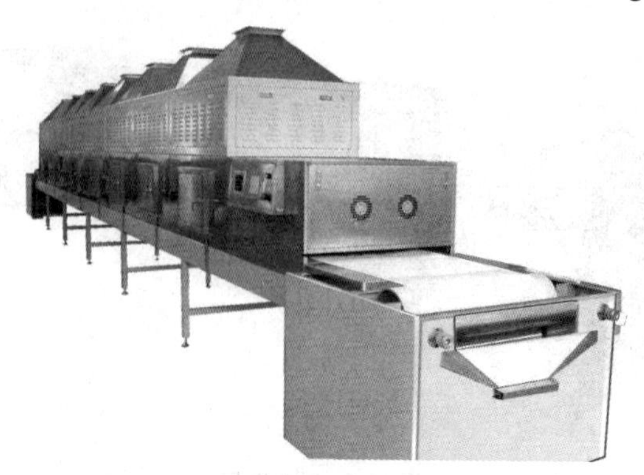

图 5-10　微波杀青机

（三）蒸汽杀青机

蒸汽杀青是利用蒸汽的蒸热作用，使鲜叶酶迅速破坏，促进多酚类转化，使茶叶的苦涩味降低，保持蒸青绿茶特有的“三绿”品质特征。

该机械分为纯蒸汽杀青机和热风蒸汽杀青机，其中纯蒸汽杀青机根据结构又可分为网带式和网筒式两种。

1．纯蒸汽杀青机

（1）网带式蒸汽杀青机：由网带、蒸汽发生器、机架、传动机等组成，台时产量为 4 ~ 5 kg（鲜叶）/h。

（2）网筒式杀青机：由燃油锅炉、给料机、蒸汽杀青机和冷却机组成，燃油锅炉与杀青机由蒸汽管连接，给料机和冷却机相无独立、相互作用。

2．热风蒸汽杀青机

热风蒸汽混合型杀青机，将汽热一体炉、高温蒸汽杀青机、高温热风脱水机等集为一体，在常压下可产生 120 ~ 180 °C 的蒸汽和 130 ~ 160 °C 的热风，完成连续完成鲜叶杀青和脱水工艺过程（图 5-11）。经杀青后，含水率在 58%左右，符合后续揉捻、理条等工序要求，具有优质高效、叶面完整、保持原色、节能环保、控制容易等特点，去除夏秋茶苦涩味的作用明显。不仅适用于名优茶的杀青和脱水，而且适用于叶类农副产品的加工。

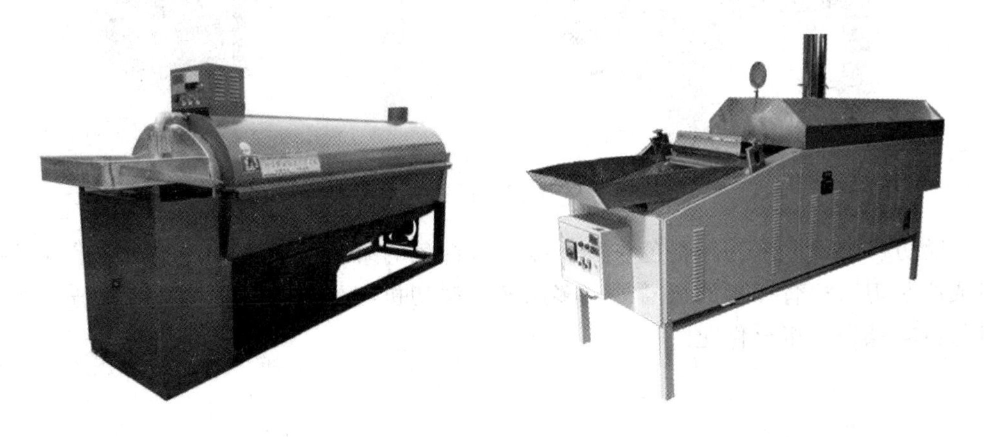

图 5-11　热风蒸汽杀青机

（四）锅式杀青

锅式杀青是传统的杀青工艺，杀青质量较好，成品茶香味鲜爽，滋味浓烈，代表了中国绿茶的传统风格。

电炒锅的一般结构由炉身、隔热层、电炉盘、电热丝、炒茶锅和电源开关组成（图 5-12）。其炒茶锅的锅径一般为 64 cm，由铁铸成；电炉盘也称远红外辐射器，以陶瓷材料添加碳化硅原料烧制而成；隔热层一般用硅酸铝纤维充填，避免发热装置产生的热量传向桶壁或散发到桶外。

图 5-12　电炒锅

四、揉捻机械

揉捻设备包括揉捻机和揉切机。

揉捻机用于茶叶卷紧条索，揉破细胞。主要由揉筒、揉盘、加压装置、传动机构和机架等部分组成（图 5-13）。在揉捻过程中，茶叶随曲柄对揉盘做相对旋转运动，加压装置可在筒内调节所需压力；茶叶周期受力并作有规律的揉搓翻转，逐步揉破叶细胞，茶汁外溢，并卷紧成茶叶条索。

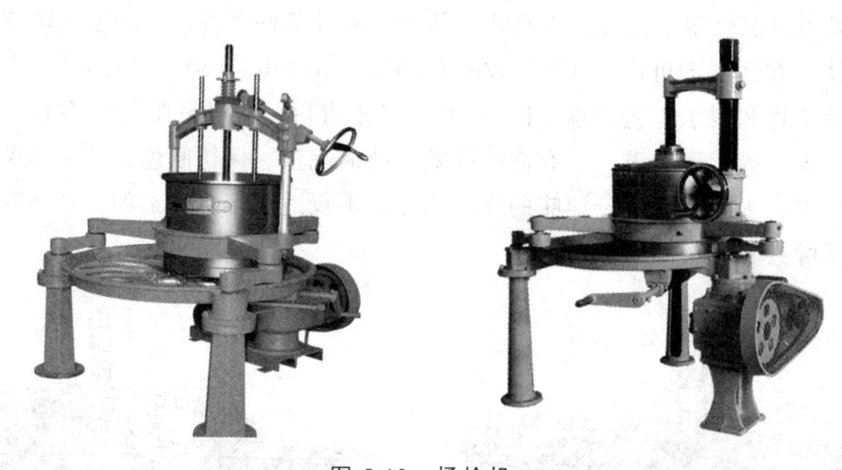

图 5-13　揉捻机

揉切机用于形成红碎茶色、香、味、形特色的第二道工序，目前除仍采用揉捻机或改装刀刃棱骨揉盘的机器外，多用转子揉切机与齿滚揉切机组合或用劳瑞制茶机与齿辊揉切机组合作业。

五、烘干机械

（一）炒干机

炒茶机种类较多，一般分为手动、半自动和全自动。其原理大体为通过人为控制电或其他介质加热的温度配合机械的物理刺激，以达到杀青、做形等目的。常见的有扁形茶炒制机、茶叶理条机、双锅曲毫炒干机（图 5-14）等。

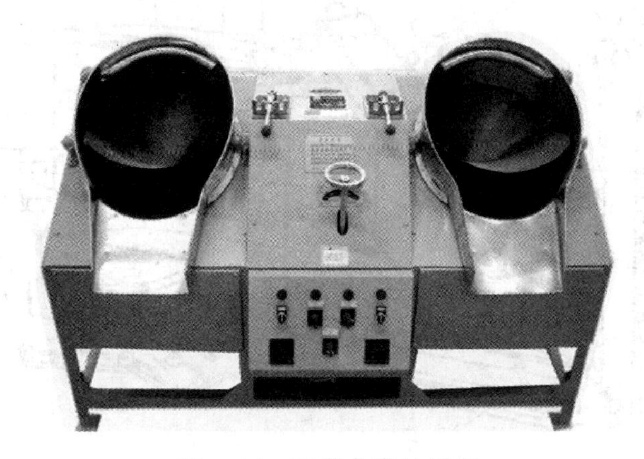

图 5-14　双锅曲毫炒干机

（二）烘干机

主要利用高温热空气进行干燥，分为人力手拉百叶板式（图 5-15）和自动链板式（图 5-16）等。

图 5-15　烘干机

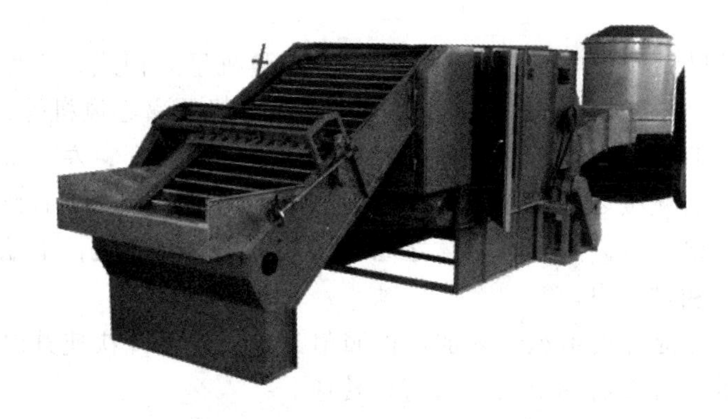

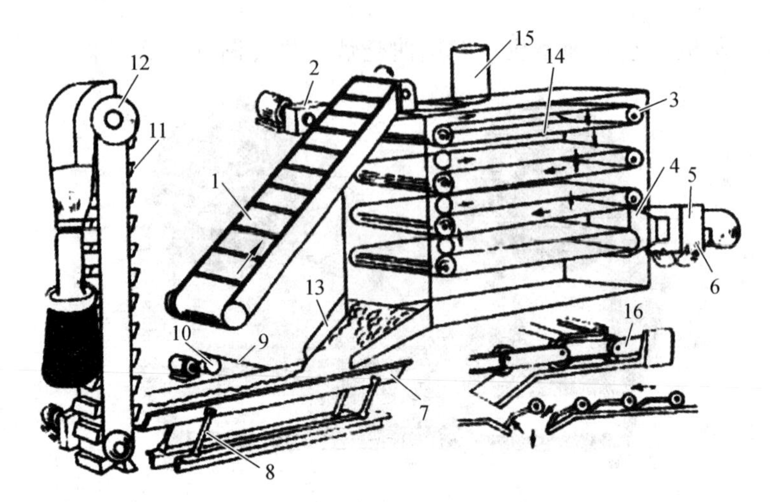

1—上料输送带；2—减速器；3—链轮；4—热风口；5—燃烧室；6—鼓风机；
7—振动输送；8—弹簧钢板；9—连杆；10—偏心轮；11—立式送料器；
12—皮带盘；13—出料；14—入向；15—排潮气口；16—链条

图 5-16　翻板式干燥机

人力手拉百叶板式机体较小、结构简单、造价低，但需人工翻板，烘干质量不易保证，工效低；自动链板式在整个作业过程连续进行，劳动强度小，工效较高，但机体较大，造价高，耗能多。

在烘干机工作过程中，茶叶由喂送器送到干燥室内的链板输送带上，铺成薄层，缓慢地移动，由鼓风机鼓入的热空气透过输送带上的孔眼，把茶叶逐渐烘干。

第三节　茶叶精加工用具

一、提香机械

提香机是茶叶精制中常用的提香烘焙设备，整机呈立柜式，又称柜式烘焙机或立式烘焙机。主要由机体、电气控制部、电加热器、电机及离心风机等组成（图 5-17）。其机体由左、右侧板分隔开，右侧板与机体之间形成正压仓，左侧板与机体之间形成排气仓，左、右侧板之间设若干个搁档形成烘焙提香仓；左、右侧板上分布若干个孔眼。机体内壁设有内胆，与机体之间设有保温层，且在机体上端设有循环冷风口、冷风补充口和排湿口。

滚筒式远红外提香机由远红外加热板照射茶叶，使茶叶快速升温并穿透到茶叶内部以实现提香，可按需调节功率、筒体转速。

图 5-17　提香机

二、筛分机

筛分机主要是根据毛茶不同长短、轻重、粗细、整碎、梗杂等成分，利用不同筛分机的不同运动形式，将毛茶分出外形整齐，符合规格精制茶；同时筛出茶末和粗大茶，以利于进一步加工。筛分机械的种类较多，按其作用不同，可分为圆筛机、抖筛机、飘筛机等。根据茶类不同，其结构形式也有差异，但工作原理相似。

1．圆筛机（图 5-18）

滚筒圆筛机的功率为 0.75 kW，滚筒的工作转速为 20 ~ 22 r/min，台时产量为 850 ~ 1250 kg。

图 5-18　平面圆筛机

2．抖筛机（图 5-19）

抖筛机的目的是使条形茶分出粗细，圆形茶分出长圆，并套去圆身茶头，斗去茎梗，起“抖头抽筋”作用，使茶叶的粗细和净度初步符合各级茶的规格要求。

图 5-19　双层抖筛

3．飘筛机（图 5-20）

飘筛机主要用来分离相对密度近似、下落时呈水平状态的轻黄片、梗皮等夹杂物，往往用于风力筛分机（图 5-21）无法分离的茶叶。飘筛机一般用于红茶精制，绿茶精制中很少使用。

图 5-20　飘筛机

图 5-21　筛分机

三、拣梗机

茶叶拣梗是茶叶精制中剔出次杂、纯净品质的作业。茶叶拣梗机（图 5-22）是利用茶叶和梗物理特性的不同，进行茶、梗分离的机械设备，主要有机械式、静电式和光电式等不同类型。

图 5-22　拣梗机

1．阶梯式拣梗机

阶梯式拣梗机就是利用茶叶与茶梗的几何形状和物理特性的不同，进行茶、梗分离。主要由拣床、进茶装置、传动机构和机架等组成。工作时，拣床不断地前后振动，使茶叶在拣床上纵向排列，并沿着倾斜的多槽板向前移动，在通过上、下多槽板的边缘而落在槽沟内，从出茶斗流出；较长而平直的茶梗因重心尚未超过多槽板，能保持平衡，则由拣梗轴送越槽沟至出梗斗流出，从而使茶梗与茶叶分离。

2．静电式拣梗机

静电拣梗机是利用静电来拣剔茶梗的机器。茶叶通过电场后产生极化现象，由于叶与梗所含水分不同，在电场中受静电力大小也不同，因此产生的位移也不相同。茶梗含水量较高，在通过电场时，感应电量较大，吸引力也较大；面茶叶的含水量较低，在通过电场时，感应电量较小，吸引力也较小，因位移不同，从而达到梗、叶分离的目的。

3．茶叶色选机

茶叶色选机是指利用茶叶中茶梗、黄片与正品的颜色差异，使用高清晰的 CCD 光学传感器对茶叶进行精选的高科技光电机械设备（图 5-23）。按层数分为单层茶叶色选机、双层茶叶色选机、多层茶叶色选机。

图 5-23 茶叶色选机

工作时，茶叶从顶部的料斗进入机器，通过振动器装置的振动，被选物料沿通道下滑，加速下落进入分选室内的观察区，并从传感器和背景板间穿过；在光源的作用下，根据光的强弱及颜色变化，使系统产生输出信号驱动电磁阀工作将异色茶叶吹至接料斗的废料腔内，而好的茶叶继续下落至接料斗成品腔内，从而达到选别的目的。

四、包装机械

1．茶叶包装封口机

主要用于各种塑料袋的封口，其技术水平和机械结构比较简单，性能也较稳定。目前已基本形成系列，品种比较齐全。封口长度为 50～1200 mm，操作方式从手动、脚踏到自动连续，加热方式从常热式到脉冲式，均可选到合适的机型（图 5-24）。

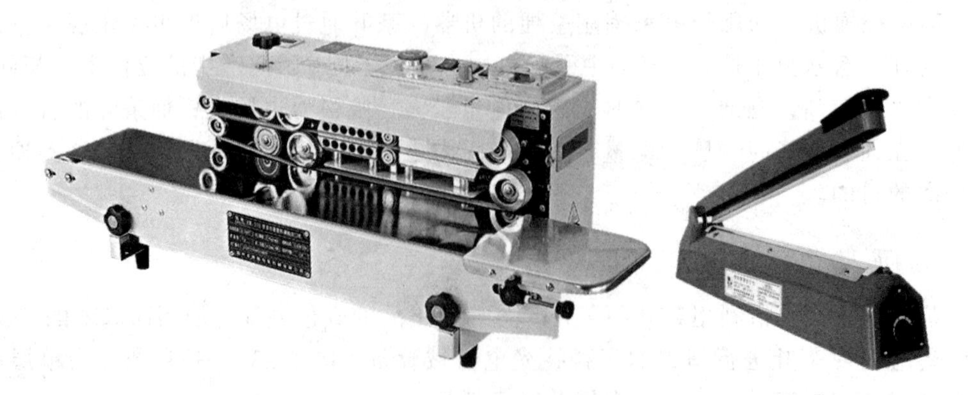

图 5-24 茶叶包装封口机

2．茶叶真空与充气包装机械

真空包装与充气包装的工艺程序基本相同，因此该包装机多设计成通用的结构形式，使之既可以用于真空包装，又可用作充气包装，也有的设计成专用型式。按包装容器及其封口方式，真空包装机（图 5-25）可分为卡扣封口式、滚压封口式、卷边封口和热熔封口式；真空充气包装则没有卡口封口式。卡口式真空包装系统将食品装入真空包装用塑料袋后，抽出袋中空气，再用金属丝，通常用铝丝进行结扎封口。

图 5-25　茶叶真空包装机

五、袋泡茶叶包装机

袋泡茶叶包装机是一种新型热封式、多功能全自动袋泡茶饮品包装设备（图 5-26）。该机的主要特点是内外袋一次成型，避免了人手与物料的直接接触，提高效率。内袋为过滤棉纸，可自动带线带标签，外袋为复合纸。

图 5-26　袋泡茶叶包装机

【思考与讨论】

生产工具都是在一定历史条件下产生的，竹篮为什么成为我国最普遍的采茶用具？

【课外阅读资料】

采制工具的发展

陆羽在《茶经》中共记载十九种饼茶采制工具，按采制工序分类如下：

采茶工具：篮；

蒸茶工具：灶、釜、甑、箄、榖木枝；

捣茶工具：杵、臼；

拍茶工具：规、承、襜、芘莉；

焙茶工具：棨、朴、焙、贯、棚、育；

穿茶工具：穿；

封茶工具：育。

上述制茶工具，分别以竹、木、泥、石、铁、纸等作为材料，制作简便，一直沿用至元代。与此同时，自北宋起，在一些有条件的地方，研磨饼茶时，使用以水为动力的水转磨，可称为世界上最早的制茶机具，至元代，水转磨的发展规模更大。

明代闻龙在《茶笺》中有："诸名茶，法多用炒，惟罗界宜于蒸焙"，由此可知炒青制法自明代起已极为普遍，因此逐渐出现了各种不同的茶灶和釜锅，与此同时，生产的还有蒸青茶。明代至清，由炒青绿茶发展到多种茶类，制茶工具也因茶而得以丰富。

中国在清代咸丰年间最早使用人力螺旋压力机；同治年间曾有使用蒸汽压力机压制青砖茶；光绪二十八年，揉捻机、筛分机、烘干机等机械在制造红茶中得以使用。至1916年我国在安徽祁门自造了小型揉捻机。新中国成立前，我国茶叶生产基本上停留在手工工具阶段，加工机械主要从国外输入。

【课外实践活动】

参观茶叶加工厂，识别茶叶加工机械器具

一、时间

根据教学时间灵活安排。

二、活动地点

杨柳街苗山。

三、活动内容

参观茶叶机械；识别茶叶加工器具及参观其运作。

四、活动要求

1. 活动前准备

（1）请班主任将班级学生分成几个小组，每小组安排小组长，填写"小组安排表"，活动时以小组为单位活动，将小组长名单告知相应车长。

（2）各班安排学生，在当天活动前为班级领食物。

（3）请班主任提前做好学生的乘车安全教育和茶企茶园纪律教育。

（4）请班主任将所在的车号、上车时间和集合时间准确通知学生，听从小组长和带班老师的指挥，不得单独行动，服从活动安排。

2. 集合出发

（1）根据教学时间安排好时间在操场集合。

（2）按照要求和班级参与活动的人数，到指定地点领取点心。

（3）在指定地点排队有序上车。

3. 车上纪律

文明乘车，不得大声吵闹，不得随意将头、手等部分伸出车外，不得在车厢内随意走动，垃圾入袋，服从司机和车长的安排。

4. 集合回校

以小组为单位，按时集合，找到所在车辆，向车长报道。全部师生到齐后发车回校。

5. 活动反馈

复习题

1. 简述都匀毛尖的传统加工用具。
2. 简述都匀毛尖的机械加工用具。

第六章 茶之造

都匀毛尖茶，以采自贵州省黔南布依族苗族自治州境内的中小叶茶树群体种或适宜的茶树良种的幼嫩芽叶为原料，按都匀毛尖茶加工技术规范加工而成，具有特定品质特征的卷曲形绿茶。

第一节　都匀毛尖的鲜叶

【问题探讨】

茶鲜叶原料的品质是成品茶优良品质的基础。通常根据鲜叶要求，按采摘技术规范合理采摘，既可以增加产量，又可以提高品质。采摘的合理与否对茶叶产量高低、品质好坏和茶树生长势强弱均有很大影响。

【讨　　论】

（1）合理采摘需要注意哪些问题？

（2）鲜叶的保存需要注意什么？

当茶芽发育达到一定标准时应及时采收下来，不仅促进下批茶芽早发、增加发育轮次，又可以提高每季茶芽收获量，也有利于茶树的正常生长。都匀毛尖茶鲜叶的采摘有其严格的要求。

一、鲜叶要求

都匀毛尖茶的鲜叶原料要求较高：芽叶完整、新鲜匀净，不含其他非茶夹杂物。鲜叶一般分为五个等级：尊品、珍品、特级、一级、二级，鲜叶分级质量要求见表 6-1。

表 6-1　鲜叶质量分级要求

等级	要　求
尊品	单芽
珍品	一芽一叶初展
特级	一芽一叶
一级	一芽二叶
二级	一芽二叶 50% 以上，幼嫩的一芽三叶及其同等嫩度对夹叶和单片叶在 50% 以内

二、鲜叶采摘

（一）采摘要求

（1）应根据茶树生长特性和有机都匀毛尖茶成品茶对加工原料的要求，遵循采留结合、量质兼顾和因树制宜的原则，按照对茶青原料的采收标准适时采摘。

（2）手工采摘要求使用提手采法，采取独芽或一芽一叶，禁掐采，应保持芽叶完整、新鲜、匀净，不夹带芽蕾鳞片、紫红芽叶、病叶及老叶等。

（3）发芽整齐，生长势强，采摘面平整，加工技术配套的茶园建议机采。采茶机应使用无铅汽油，防止汽油、机油污染茶叶、茶树和土壤。

（4）采用清洁、通风性良好的竹编网眼茶篮或篓筐盛装鲜叶，采下的茶叶应及时运抵茶厂，防止鲜叶积压变质和混入有毒有害物质。

（5）采摘的鲜叶应有合理的标签，注明品种、产地、采摘时间及操作方式。

（二）采摘方法

1. 手工采茶

（1）手提采摘法，即掌心向上，用拇指和食指夹住鲜叶上的嫩茎，向上轻提，芽叶折落掌心。

（2）禁止掐采和带老叶杂物采摘。

2. 机械采茶

（1）发芽整齐、生长势强、采摘面平整的茶园提倡机采。

（2）采茶机应使用无铅汽油，防止汽油、机油污染茶叶、茶树和土壤。

（三）采摘技术

1. 留　叶

（1）幼龄茶树：以培养树冠为目的，以养为主、采为辅，采必须服从养。

（2）成龄茶树：以采为主，适度留养。

2. 采摘适期

（1）人工采摘：一般春茶蓬面有 10%～15%、新梢达到采摘标准时，夏、秋茶蓬面有 10%～12%、新梢达到标准时，就可开采。

（2）机采：当春茶有 80% 的新梢符合采摘标准，夏茶有 60% 的新梢符合采摘标准，秋茶有 40% 新梢符合采摘标准时，可进行机采。

3. 采摘要求

“五不采”不采紫色、单片、雨水叶、病害、虫害的芽叶；不夹带茶蒂、茶梗、茶籽、鱼叶和老叶。

（四）鲜叶养护及贮运

（1）鲜叶必须分级分类及时集中，装入通透性好、无异味的盛器中，防止挤压，及时送入茶厂加工。

（2）集叶贮运时应做到不同等级分开，机采叶与手工采叶分开；不同茶树品种的鲜叶分开，正常叶和劣变叶分开；成年茶树叶和衰老茶树叶分开；上午采的和下午采的分开。

（3）盛装鲜叶的器具应采用清洁、通风性能良好的竹编茶筐。

（4）禁止使用布袋、塑料袋等不透气包装材料盛装鲜叶。

（5）在鲜叶盛装与储运过程中要轻放、轻压，防止鲜叶变质。

（6）采下的鲜叶应及时进厂加工，防止日晒雨淋，避免高温、机械损伤或有毒、有异味物质。

（五）茶青的运输

（1）盛装茶青的器具应选用无毒、无异味、无污染的材料制成，不能使用铅及铅锑合金、铅青铜、锰黄铜、铅黄铜、铸铝及铝合金材料制造的器具，允许使用竹子、藤条、无异味木材等天然材料和不锈钢、食品级塑料制成的器具。盛装的器具必须通风透气。

（2）运输的工具必须保持清洁、无异味，装载和运输过程中不得使茶青受到挤压和机械损伤，不能在运输过程中使茶青温度升高而变质。

第二节　都匀毛尖的加工

【问题探讨】

完善独特的加工技术，保证都匀毛尖茶优质的口感。

【讨　　论】

（1）都匀毛尖茶在加工过程中需要注意什么？

（2）都匀毛尖茶的传统加工与机械加工各有什么优点和缺点？

都匀毛尖茶是高档手工绿茶，有一套完整而独特的加工技术。都匀毛尖的手工加工，一般是在直径 60 ~ 70 cm 的铁锅中进行。一般工序为杀青、揉捻、整形、提毫、提香、干燥等。从鲜叶开始杀青，采用翻、抓、抛抖、揉等手势连续操作，“火中取宝”“一气呵成”，全过程时间大约 45 min。

都匀毛尖茶加工的基本工艺一般为：鲜叶→杀青→揉捻→做型→提毫→干燥五个步骤，分为手工加工工艺和机械加工工艺两种。

一、传统加工工艺

都匀毛尖传统加工工艺独特，历经鲜叶→茶青分级→摊青→杀青→揉捻→做形

→提毫→烘焙足干→出锅，火中取宝，一气呵成；后续再经审评归类→拼样官堆装箱→入库贮存，即可制成精品都匀毛尖（图 6-1）。

图 6-1　都匀毛尖传统手工加工厂房

1．分　级

茶青采收时，按照都匀毛尖茶鲜叶质量分级要求进行分级，不同等级的茶青分开收放，不能混装。

2．摊　青（图 6-2）

摊青（贮青）厚度为 5～15 cm，雨水叶或含水量较高的鲜叶宜薄摊，晴天中午或下午采摘的鲜叶宜厚摊，每隔一小时左右轻翻一次，室内温度在 25 °C 以下，防止太阳照射。摊放时间 2～6 h，摊放到叶质变软，含水量降至 68%～72%，色泽变暗，手握而不黏时便可付制加工。原则上当天采摘鲜叶应当天加工完毕。

图 6-2　摊　青

3．杀青（图 6-3）

（1）杀青锅温：320 ~ 370 °C（即用手背离锅底 20 cm，时间 5 ~ 10 s，感觉到有刺热感时），投叶量为 0.5 ~ 0.8 kg。

（2）杀青时间：4 ~ 6 min，采用老叶嫩杀，嫩叶老杀，多抛少闷，抛闷结合的原理进行杀青。

（3）杀青方法：将茶青一次性倒入锅内，发出炒芝麻的声音后，立即将锅内茶青迅速翻动，让茶青受热均匀，当叶温上升，有大量水汽冒出后，采用多抛少闷的手法交替进行，要求杀匀、杀透、不焦煳。

（4）杀青适度标准：杀青叶颜色变暗，叶面无光泽，叶质变软，折而不断，青草气消失，茶香显露。

图 6-3　杀　青

4．揉捻（图 6-4）

杀青结束后，迅速将锅温降至 150 ~ 200 °C；以抖为主散发水分，用双手抓住杀青叶按一个方向进行滚动搓揉，要求动揉捻作轻快有力、范围要大；按照“轻→重→轻”的原则，交替用力，反复进行，同时进行解块散热降温和散失水分，揉捻时间为 8 ~ 10 min，待茶叶成条变软，手捏不黏时，进行做形。

图 6-4　揉　捻

5．做形（图 6-5）

做形工艺（也称搓团）是塑造都匀毛尖外形的关键工艺，要求锅温 120～170 °C，时间 8～12 min。搓团方法如下：将茶团置于手心，让茶团在手心滚动，按同一方向搓揉，然后定型，最后再解块，如此反复进行。

在此过程中要求用力先轻后重，先搓大团后搓小团，使茶条卷曲，待其含水量达 20%～40%，茶条硬度有刺手感时进入提毫。

图 6-5 做 形

6．提毫（图 6-6）

提毫是都匀毛尖茶显毫的特征工艺，要求锅温 120～150 °C，时间 8～12 min。提毫方法如下：双手握住茶团，掌心用力，使茶团相互摩擦现毫；随着茶团含水量的降低，茶团由小到大，动作由快到慢，力度由重到轻，如此反复。

当含水量为 10%～20%，茶条变硬显，毫毛显露时，则提毫结束，再进行干燥。

图 6-6 提 毫

7．干燥（图 6-7）

都匀毛尖传统工艺制作的干燥工序全程在锅中完成。要求锅温 100 ~ 150 °C，时间 8 ~ 15 min。具体方法：将茶叶均匀薄摊于锅壁，每 2 ~ 3 min 翻动一次，翻动轻慢、均匀、彻底，如此反复；待手捏成粉，含水量达 6% 以下时，割末出锅。

图 6-7 干 燥

8．出 锅

出锅时，先将茶叶收拢于锅底，双手将茶叶捧入茶盘中，及时送至评审室。茶盘要求干燥、干净、无异味。锅底碎茶单独盛装，不能合并混装。

9．审评归类

出锅冷至室温后，由专职评茶员在审评室中进行评审，先进行干评，然后开汤进行湿评，评审方法应按照 GB/T 23776 标准进行，同时用快速水分测定仪测出含水量，最后定级，按照同等级归类原则进行归类保存。

10．拼样和堆装箱

按照相同等级合并、品质互补的原则进行拼配。用洁净无毒无味的锡箔袋、铝箔袋、聚丙烯或聚乙烯袋进行定量包装，然后入库保存。

11．入库贮存

存放到专用库房中或用低温冷库储存，温度 0 ~ 5 °C。库房要求干燥、通风、避光、防晒。

二、机械加工工艺

机械加工工艺，历经鲜叶→茶青分级→摊青→杀青→冷却摊凉→揉捻→初烘→

做形提毫→烘焙足干→拼样官堆装箱→入库贮存。

1．分　级

与传统加工工艺的茶青分级相同。

2．摊　青

与传统加工工艺的摊青相同。

3．杀　青

（1）杀青方法：提倡使用微波杀青和光波杀青技术，采用金属导热杀青机（含锅式杀青机、滚筒杀青机和槽式杀青机等），按照“嫩叶老杀、老叶嫩杀”的原则进行杀青。

（2）杀青时，要求锅壁温度 380 ~ 450 °C，时间 1 ~ 2 min，汽热杀青机的蒸汽温度 90 ~ 100 °C，热风温度 100 ~ 180 °C。

（3）杀青适度标准：叶色暗绿，无光泽，叶质柔软，手握成团，略有弹性，青气消失，茶香显露且无焦边、无焦味，含水量在 58% ~ 62%，要求杀匀、杀透、不焦煳、不红变。

4．摊　凉

采用自然降温和外力降温（含风力降温和低温降温等）方式冷却。要求茶青快速冷却至室温或常温，无渥黄或红变现象，叶脉实现走水，叶质柔软，光泽变暗，手握有湿感，不粘手。

5．揉　捻

按照“轻→重→轻”的加压原则进行揉捻，投叶量装至距揉桶口 5 ~ 10 cm 处为宜，揉捻时间 25 ~ 30 min。要求：叶质变软，有粘手感，手握成团而不弹散，少量茶汁外溢，成条率 80% 以上。茶青越嫩，选用机型越小，揉捻压力越小，揉捻程度越轻；反之亦然。

6．初　烘

要求风温 100 ~ 120 °C，时间 10 ~ 15 min，初烘叶厚度在 5 cm 以内，适时翻动，使其受热均匀，失水一致。茶条色泽变暗，手摸有刺感，叶缘变脆，含水量降至 50% ~ 55% 即可。

7．做形提毫

方式与手工做形提毫相同，提毫时，将风门关闭，减小进风量，茶条变硬、变脆，含水量降至 10% ~ 20% 时，转入烘焙足干阶段。

8．烘焙足干

设备为烘焙机或烘干机等，温度 110～120 °C，烘焙厚度 4～6 cm，含水量达 6%以下即可。

9．拼样和堆装箱

与传统加工工艺的拼样和堆装箱相同。

10．入库贮存

与传统加工工艺的入库贮存相同。

【思考与讨论】

根据生物学有关知识，都匀毛尖茶加工注意控制温度的原因是什么？

【课外阅读资料】

茶叶分类

一、基本分类

我国产茶历史悠久，种类丰富，花色繁多，历来茶叶分类不一：

（1）唐朝，将茶分为粗茶、散茶、末茶和饼茶；

（2）宋朝，将茶分为片茶、散茶、腊茶；

（3）元朝，将茶分为芽茶、叶茶；

（4）明朝，将茶分为绿茶、黄茶、红茶等。

（5）清朝，各大茶类均出现，分类方法较多，有以销路、制法、品质或季节等分类。

（6）近代，将茶分为六大类（茶学专家陈椽教授），该方法至今仍为国内外接受（表 6-2）。

表 6-2 分类方法

茶叶	特征工序	品质特征	主要品种	属于何种发酵
绿茶	杀青	清汤绿叶	炒青、烘青、蒸青	不发酵
黄茶	闷黄	黄汤黄叶	广东大叶青、蒙顶黄芽	轻发酵
黑茶	渥堆	色泽黝黑、汤色橙红	砖茶、普洱茶、六堡茶	后发酵
白茶	萎凋	茶芽满披、白毫汤色浅淡	白毫银针、白牡丹	轻发酵
青茶	做青	青蒂、绿叶红镶边、汤色金黄香高味醇	凤凰单枞、铁观音、武夷岩茶	半发酵
红茶	发酵	红汤红叶	红碎茶、工夫红茶等	全发酵

现今，依据茶叶加工原理、方法，以及品质特征，同时参考贸易上的习惯，将茶分为基本茶类和再加工茶类（表 6-3）。

表 6-3　中国茶叶分类

<table>
<tr><td rowspan="30">中国茶叶分类</td><td rowspan="24">基本茶类</td><td rowspan="7">绿茶</td><td>蒸青</td><td colspan="2">煎茶、玉露</td></tr>
<tr><td>晒青</td><td colspan="2">滇青、川青、陕青</td></tr>
<tr><td rowspan="3">炒青</td><td>扁炒青</td><td>特珍、珍眉、凤眉、秀眉</td></tr>
<tr><td>圆炒青</td><td>雨珍、秀眉</td></tr>
<tr><td>长炒青</td><td>龙井、大方、碧螺春、雨花茶</td></tr>
<tr><td rowspan="2">烘青</td><td>普通烘青</td><td>闽烘青、浙烘青、徽烘青、苏烘青</td></tr>
<tr><td>细嫩烘青</td><td>黄山毛峰、太平猴魁</td></tr>
<tr><td rowspan="2">白茶</td><td>白芽茶</td><td colspan="2">白毫银针</td></tr>
<tr><td>白叶芽</td><td colspan="2">白牡丹、贡眉、寿眉</td></tr>
<tr><td rowspan="3">黄茶</td><td>黄芽茶</td><td colspan="2">君山银针、蒙顶黄芽</td></tr>
<tr><td>黄小茶</td><td colspan="2">北港毛尖、沩山毛尖、温州黄汤</td></tr>
<tr><td>黄大茶</td><td colspan="2">霍山黄大茶、广东大叶青</td></tr>
<tr><td rowspan="4">青茶</td><td>闽北乌龙</td><td colspan="2">武夷岩茶、水仙、大红袍、肉桂</td></tr>
<tr><td>闽南乌龙</td><td colspan="2">铁观音、奇兰、黄金桂</td></tr>
<tr><td>广东乌龙</td><td colspan="2">凤凰单枞、凤凰水仙、岭头单枞</td></tr>
<tr><td>台湾乌龙</td><td colspan="2">冻顶乌龙、包种、东方美人</td></tr>
<tr><td rowspan="3">红茶</td><td>小种红茶</td><td colspan="2">正山小种、烟小种</td></tr>
<tr><td>工夫红茶</td><td colspan="2">滇红、祁红、川红、闽红</td></tr>
<tr><td>红碎茶</td><td colspan="2">叶茶、碎茶、片茶、末茶</td></tr>
<tr><td rowspan="5">黑茶</td><td>湖南黑茶</td><td colspan="2">安化黑茶、花卷、三尖、四砖</td></tr>
<tr><td>湖北黑茶</td><td colspan="2">湖北老青砖</td></tr>
<tr><td>四川边茶</td><td colspan="2">南路边茶、西路边茶</td></tr>
<tr><td>云南黑茶</td><td colspan="2">普洱熟茶</td></tr>
<tr><td>广西黑茶</td><td colspan="2">六堡茶</td></tr>
<tr><td rowspan="6">再加工茶</td><td>花茶</td><td colspan="3">玫瑰花茶、珠兰花茶、茉莉花茶、桂花茶</td></tr>
<tr><td>紧压茶</td><td colspan="3">黑砖、方茶、茯砖、饼茶</td></tr>
<tr><td>萃取茶</td><td colspan="3">速溶茶、浓缩茶、罐装茶</td></tr>
<tr><td>果味茶</td><td colspan="3">荔枝红茶、柠檬红茶、猕猴桃茶</td></tr>
<tr><td>保健茶</td><td colspan="3">减肥茶、杜仲茶、降脂茶</td></tr>
<tr><td>茶饮料</td><td colspan="3">茶可乐、茶汽水</td></tr>
</table>

二、世界四大红茶

世界四大名茶：祁门红茶、阿萨姆红茶、大吉岭红茶、锡兰高地红茶。

1．祁门红茶

简称祁红，创制于1875年，以工夫红茶为主，无论采摘、制作均十分严格，素以香高、形秀享誉国际，产于安徽省西南部黄山支脉的祁门县一带。当地的茶树品种高产质优，植于肥沃的红黄土壤上，且气候温和、雨水充足、日照适度，所以鲜叶柔嫩且内含水溶性物质丰富，以8月份所采收的品质最佳。

祁红外形条索紧细匀整，锋苗秀丽，色泽乌润（俗称“宝光”）；内质清芳并带蜜糖香味，上品茶更蕴含兰花香（号称“祁门香”），馥郁持久；汤色红艳明亮，滋味甘鲜醇厚，叶底（泡过的茶渣）红亮。清饮最能品味祁红的隽永香气，即使添加鲜奶亦不失其香醇。秋冬季节饮红茶以它最宜，下午茶、睡前茶也很合适。

2．阿萨姆红茶

阿萨姆红茶，产于印度东北阿萨姆喜马拉雅山麓的阿萨姆溪谷一带。当地日照强烈，需另种树木为茶树适度遮蔽；雨量丰富，致使阿萨姆大叶种茶树蓬勃发育。采茶期为7—9月，以6—7月采摘品质最优，但10—11月产的秋茶较香。

世界产量第一的阿萨姆红茶，以传统揉切法制作，茶叶外形细扁，色呈深褐；汤色深红稍褐，带有淡淡的麦芽香、玫瑰香；滋味浓，涩味较重，味道强烈，具甘醇余香，有“烈茶”之称。常取做混合茶，汤色深，且易冲泡出浓味，适合冲泡成奶茶，常作为清晨茶。含多酚类物质较多，易出现“冷后浑”，不适宜冲泡为冰红茶。多采用转子制法处理，以供制作茶袋之用，是冬季饮茶的最佳选择。

3．大吉岭红茶

大吉岭红茶，产于印度西孟加拉省北部喜马拉雅山麓的大吉岭高原一带。当地年均温约15 °C，白天日照充足，但日夜温差大，谷地里常年弥漫云雾，是孕育此茶独特芳香的一大因素。

大吉岭红茶属于中国小叶种，采摘时间为春末到初秋，5—6月的二号茶品质最优，被誉为“红茶中的香槟”，拥有高昂身价；3—4月的一号茶多为青绿色，二号茶为金黄。汤色橙黄，气味芬芳高雅，上品尤其带有葡萄香，口感细致柔和，最适合清饮；但因茶叶较大，需稍久焖（约5 min）使茶叶尽舒，才能得其味。下午茶及进食口味生的盛餐后，最宜饮此茶。

4．锡兰高地红茶

锡兰高地红茶，以乌沃茶最著名，产于山岳地带的东侧。产地常年云雾弥漫，由于冬季吹送的东北季风带来雨量（11月至翌年2月），不利茶园生产，以7—9月所获的品质最优。通常制为碎形茶，呈赤褐色；汤色橙红明亮，上品的汤面环有金黄色的光圈，犹如加冕一般；风味具刺激性，透出如薄荷、铃兰的芳香，滋味醇厚，虽较苦涩，但回味甘甜。

汀布拉茶和努沃勒埃利耶茶，产于山岳地带西侧时，因受到夏季（5—8月）西南季风送雨的影响，以1—3月收获最佳。汀布拉茶的汤色鲜红，滋味爽口柔和，带花香，涩味较少。努沃勒埃利耶茶无论色、香、味都较前两者淡，汤色橙黄，香味清芬，口感稍近绿茶。

三、中国十大名茶

中国茶叶历史悠久、种类繁多，有传统名茶和历史名茶之分，中国名茶在国际上享有很高的声誉，“十大名茶”在过去也有多种说法（表 6-4）。

表 6-4　中国十大名茶

时　间	评选机构	名　单
1915 年	巴拿马万国博览会	碧螺春、信阳毛尖、西湖龙井、君山银针、黄山毛峰、武夷岩茶、祁门红茶、都匀毛尖、铁观音、六安瓜片
1959 年	中国“十大名茶”评比会	南京雨花茶、洞庭碧螺春、黄山毛峰、庐山云雾茶、六安瓜片、君山银针、信阳毛尖、武夷岩茶、安溪铁观音、祁门红茶
1982 年	湖南长沙全国名茶评选会	西湖龙井，碧螺春，黄山毛峰，君山银针，白毫银针，六安瓜片，信阳毛尖，都匀毛尖，武夷肉桂，铁观音
1999 年	《解放日报》	江苏碧螺春、西湖龙井、安徽毛峰、安徽瓜片、恩施玉露、福建铁观音、福建银针、云南普洱茶、福建云茶、江西云雾茶
2001 年	美联社和《纽约日报》	黄山毛峰、洞庭碧螺春、蒙顶甘露、信阳毛尖、西湖龙井、都匀毛尖、庐山云雾、安徽瓜片、安溪铁观音、苏州茉莉花
2002 年	《香港文汇报》	西湖龙井、洞庭碧螺春、黄山毛峰、白毫银针、信阳毛尖、祁门红茶、六安瓜片、都匀毛尖、武夷岩茶、安溪铁观音

以下为业界普遍认可的中国十大名茶：

1．西湖龙井

西湖龙井，居中国名茶之冠，产于杭州西湖周围的群山之中。以龙井村狮子峰所产最佳，素有“色翠、香郁、味醇、形美”四绝之称。

外形挺直削尖、扁平俊秀、光滑匀齐、色泽绿中显黄。香气清高持久，香馥若兰；汤色杏绿，清澈明亮；叶底嫩绿，匀齐成朵，芽芽直立，栩栩如生。品饮茶汤，沁人心脾，齿间流芳，回味无穷。

2．洞庭碧螺春

洞庭碧螺春是中国著名绿茶之一，产于江苏省吴县（今属苏州市）太湖洞庭山，史称“吓煞人香”茶，康熙游览太湖时赐名“碧螺春”。

“洞庭碧螺春，茶香百里最”，素有“一嫩三鲜”之美名，即芽叶嫩，色、香、味鲜；碧绿澄清，形似螺旋，满披茸毛。

3．黄山毛峰

黄山毛峰，产于安徽黄山。制茶精细，采回的芽头和鲜叶需进行选剔，剔去较老的叶、茎，使芽匀齐一致。芽头格外肥壮，柔软细嫩；叶片肥厚，经久耐泡；香气馥郁，滋味醇甜。

4．君山银针

君山银针，产于岳阳洞庭湖君山，是我国著名黄茶之一，始于唐代，于清代纳入贡茶。清代时期将其分为“尖茶”“茸茶”。“尖茶”如茶剑，白毛茸然，纳为贡茶，素称“贡尖”。

君山银针茶香气清高，味醇甘爽，汤黄澄高，芽壮多毫，条直匀齐，着淡黄色茸毫。冲泡后，芽竖悬汤中冲升水面，徐徐下沉，再升再沉，三起三落，蔚成趣观。

5．祁门红茶

祁门红茶，简称祁红，是世界四大红茶之一，产于中国安徽省西南部黄山支脉区的祁门县一带，是“红茶”中的佼佼者。

祁红以“香高、味醇、形美、色艳”四绝驰名于世。外形条索紧细匀整，锋苗秀丽，色泽乌润（俗称“宝光”）；内质清芳并带有蜜糖香味，上品茶更蕴含着兰花香（号称“祁门香”），馥郁持久；汤色红艳明亮，滋味甘鲜醇厚，叶底红亮。

6．六安瓜片

六安瓜片，产于六安市裕安区以及金寨、霍山两县之毗邻山区和低山丘陵，产量以六安最多，品质以金寨最优，是国家级历史名茶，中国十大经典绿茶之一。采自当地特有品种，经扳片、剔去嫩芽及茶梗，通过独特的传统工艺制成形似瓜子的片形茶。外形似瓜子，色绿香高，味鲜甘美，尤具特色的片形茶。

7．信阳毛尖

信阳毛尖，是河南省著名土特产之一，主要产地在河南省信阳市浉河区西部的浉河港、董家河、吴家店乡的深山区、南部东双河、柳林、李家寨、谭家河、十三里桥以及平桥区的平桥镇等乡镇的部分高山区和浅山区。

素来以“细、圆、光、直、多白毫、香高、味浓、汤色绿”的独特风格而享誉中外。唐代茶圣陆羽所著的《茶经》把信阳列为全国八大产茶区之一；宋代大文学家苏轼尝遍名茶而挥毫赞道：“淮南茶，信阳第一”。

8．都匀毛尖

都匀毛尖，又名“白毛尖”“细毛尖”“鱼钩茶”“雀舌茶”，中国十大名茶之一。其历史悠久，明代崇祯年间以来便作为历代皇室的贡茶，1956年由毛泽东亲笔命名“都匀毛尖”。

产于贵州省黔南布依族苗族自治州，团山、哨脚、大槽一带，该茶区处于高海拔、低纬度、寡日照、多云雾、气候适宜、降雨充沛的原生态茶园。都匀毛尖茶，经高温杀青、低温揉捻、搓团提毫、及时焙干等工序精心制作而成，素以“干茶绿中带黄，汤色绿中透黄，叶底绿中显黄”的“三绿三黄”的特色（图6-8），以优美的外形、独特的风格列为中国名茶珍品之一，具有“北有仁怀茅台酒，南有都匀毛尖茶”之美誉。有诗云：“雪芽芳香都匀生，不亚龙井碧螺春；饮罢浮花清鲜味，心旷神怡公关灵。”

三绿三黄的美貌

都匀毛尖“三绿透黄色”的特色，即干茶色泽绿中带黄，汤色绿中透黄，叶底绿中显黄。

图 6-8　都匀毛尖茶

9．武夷岩茶

武夷岩茶，产于闽北“秀甲东南”的名山武夷。茶树生长在岩缝之中，武夷山有 99 岩，岩岩有茶，一岩一茶，一茶一名。

武夷岩茶具有绿茶之清香，红茶之甘醇，是中国乌龙茶中之极品，属半发酵茶，采制独特，未经窨花，却有浓郁的鲜花香。有“大红袍”“铁罗汉”“肉桂”“水金龟”等，其中著名的以大红袍享誉世界。18 世纪传入欧洲后，备受当地群众的喜爱，曾有“百病之药”美誉。

10．安溪铁观音

安溪铁观音，是我国著名乌龙茶之一，产于福建省安溪县，历史悠久，起源于清雍正年间（1725—1735 年），素有茶王之称。

外形头似蜻蜓，尾似蝌蚪，质地重如铁，美如观音，滋味清高醇美，回味甘甜，乌龙茶之上品。适于晴天有北风天气时采制，品质以春茶最佳。制作工序分晒青、摇青、凉青、杀青、切揉、初烘、包揉、复烘、烘干 9 道工序。

【课外实践活动】

参观茶叶加工，体验都匀毛尖茶的加工

一、时间

根据教学时间灵活安排。

二、活动地点

杨柳街苗山。

三、活动内容

观看制茶；体验制茶。

四、活动要求

1. 活动前准备

（1）请班主任将班级学生分成几个小组，每小组安排小组长，填写“小组安排表”，活动时以小组为单位活动，将小组长名单告知相应车长。

（2）各班安排学生，在当天活动前为班级领食物。

（3）请班主任提前做好学生的乘车安全教育和茶企茶园纪律教育。

（4）请班主任将所在的车号、上车时间和集合时间准确通知学生，听从小组长和带班老师的指挥，不得单独行动，服从活动安排。

2. 集合出发

（1）根据教学时间安排好时间在操场集合。

（2）按照要求和班级参与活动的人数，到指定地点领取点心。

（3）在指定地点排队有序上车。

3. 车上纪律

文明乘车，不得大声吵闹，不得随意将头、手等部分伸出车外，不得在车厢内随意走动，垃圾入袋，服从司机和车长的安排。

4. 集合回校

以小组为单位，按时集合，找到所在车辆，向车长报道。全部师生到齐后发车回校。

5. 活动反馈

复习题

1. 简述都匀毛尖的不同等级鲜叶要求。
2. 简述都匀毛尖的传统加工工艺。
3. 简述都匀毛尖的机械加工工艺。

第七章 茶之器

水为茶之母，器为茶之父。茶器的演变与茶的发展密切相关，随着茶种类的增加和发展，茶冲泡器具不断得到丰富和完善。从狭义上理解，茶器主要指茶杯、茶盏、茶碗、茶壶等饮茶器具；广义上泛指与饮茶有关的各种器具。中国茶器种类繁多，造型各异，可粗陋简单、平凡而亲民，可别具一格、精致而高雅，集实用价值与艺术价值为一体。虽然中国茶具众多，令人目不暇接，但饮茶器具的选用还需因茶而异。

第一节　都匀毛尖的审评器具

一、主要器具

1. 审评台

分为干评台和湿评台，干平台用以审评茶叶外形；湿平台用以放置审评杯碗，泡水开汤，茶叶的内质审评。

干评台高度 800 ~ 900 mm，宽度 600 ~ 750 mm，台面为黑色无反光；干评台高度 750 ~ 800 mm，宽度 450 ~ 500 mm，台面为白色无反光。审评台长度视实际需要而定。

2. 审评杯碗

用来泡茶审评茶叶香气、汤色和滋味，白色瓷质，大小、厚薄、色泽一致。

审评杯（图 7-1）：杯呈圆柱形，高 65 mm，外径 65 mm，内径 62 mm，容量 150 mL，具盖，盖上有一小孔，杯盖上外径 72 mm，下面内圈外径 60 mm，与杯柄对的杯口上缘有三个呈锯齿形的滤茶口，口中心深 3 mm，宽 2.5 mm。

审评碗（图 7-2）：高 55 mm，上口外径 95 mm，上口内径 90 mm，下底外径 60 mm，下底内径 54 mm，容量 250 mL。

图 7-1　审评杯

图 7-2　审评碗

3. 评茶盘

木板或胶合板制成，正方形，外围边长 230 mm，边高 30 mm，盘的一角开有缺口，缺口呈倒等腰梯形，上宽 50 mm，下宽 30 mm，涂以白色油漆，要求无气味（图 7-3）。

图 7-3　评茶盘

二、辅助器具

1．分样盘

木板或胶板制成，正方形，内围边长 320 mm，边高 35 mm，盘的两端有一缺口，涂以白色，要求无气味。

2．叶底盘

用于审评叶底，一般为黑色小木盘和白色搪瓷盘（图 7-4）。木盘为正方形，外径：边长 100 mm，边高 15 mm，供审评精制茶用；搪瓷盘为长方形，外径：长 230 mm，宽 170 mm，边高 30 mm，供审评都匀毛尖叶底用。

图 7-4　叶底盘

3．其他用具

（1）称量用具：天平，感量 0.1 g

（2）计时器：定时钟，精确到秒。

（3）刻度尺：刻度精确到毫米。

（4）网匙：不锈钢网帛半圆形小勺子。捞取碗底沉淀的碎茶用。

（5）茶匙：不锈钢或瓷匙，容量约 10 mL。

（6）其他用具：烧水壶、电炉、塑料桶等。

第二节　都匀毛尖的冲泡器具

【问题探讨】

茶的冲泡器具对茶汤品质有重要影响。都匀毛尖是名优绿茶中的翘楚，其三绿三黄的品质特征在饮用过程中给予饮茶人美的享受，其冲泡器具以玻璃杯、盖碗为主。

【讨　　论】

都匀毛尖茶作为中国十大名茶之一，适宜那种方式冲泡，为什么？

一、主要器具

茶具选用质量要求应符合 GB 13121 的规定。

1．玻璃杯

用圆柱形无色透明的玻璃杯，可以充分展示汤色和茶芽沉浮、舒展、舞动的情景，口径 6 ~ 7 cm，高度 15 ~ 16 cm（图 7-5）。

2．备水器

（1）煮水器：由烧水壶和热源两部分组成。烧水壶，一般玻璃或陶瓷制品，规格容量 800 mL 左右（图 7-6）；热源可用电炉、酒精炉、炭炉等。

图 7-5　玻璃杯

图 7-6　烧水器

（2）净水器：安装在取水管口，应按泡茶用水量和水质要求选择相应的净水器，可配备一只至数只。

（3）贮水器：利用天然水源或无净水设备时，贮放泡茶用水，起澄清和挥发氯气作用，应特别注意保持清洁。

（4）茶水桶：盛放弃水、茶渣等物。

3．备茶器

（1）茶样罐（图 7-7）：由陶、木、金属等制成，泡茶时用于盛放茶样的容器，体积小，装干茶 30 ~ 50 g 即可。

（2）茶荷（图 7-8）：由竹、木、陶、玻璃等制成，规格一般为 6.5 ~ 12 cm，装干茶 3 ~ 5 g。泡茶时用于观看干茶样和置茶。

图 7-7　茶样罐

图 7-8　茶　荷

二、辅助器具

（1）茶盘（图 7-9）：由竹、木、金属、陶瓷、石材等制成，有规则形、自然形、排水形等多种，规格一般为 35 cm×45 cm，用以泡茶的基座。

（2）茶巾（图 7-10）：由棉、麻制成，用以抹干泡茶、分茶时溅出的水滴，吸干杯底、壶底的残水。

图 7-9 茶 盘

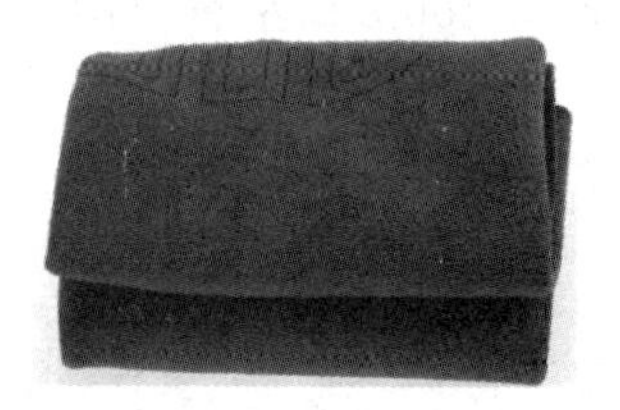

图 7-10 茶 巾

（3）茶匙筒：由竹、木、陶瓷制成，用以放茶匙及茶夹。

（4）杯托（图 7-11）：由玻璃或竹木或陶瓷等制成，直径 10～12 cm。

（5）奉茶盘（图 7-12）：由竹、木制成，用以盛放玻璃杯，恭敬地端送给品茶者，显得洁净而高雅。

图 7-11 杯 托

图 7-12 奉茶盘

第三节 都匀毛尖的民族茶艺器具

【问题探讨】

都匀毛尖产于少数民族集聚地，因此都匀毛尖的冲泡器具具有丰富的民族文化色彩。

【讨 论】

都匀毛尖茶的民族茶艺器具主要有哪些？

一、主要器具

1．贮茶器具

贮茶罐：贮藏茶叶用，可贮茶 250～500 g，一般瓷制。

2．煮茶器具

陶罐：由陶制成，用于煮茶。

茶壶（图 7-13）：由瓷、陶、金属等制成，泡茶用具。

炒锅：由金属制成，做打油茶用具。

图 7-13　茶　壶

二、辅助器具

1．盛汤器具

茶杯（图 7-14）：由陶、瓷、木、竹、金属等制成，品茶用具。

图 7-14　茶　杯

茶碗：由陶、瓷、木、竹、金属等制成，盛汤用具。

2．其他器具

蝶：由陶、瓷、木、竹等制成，盛放干果、茶食品等。

【思考与讨论】

现代评茶都要用白色的瓷杯、瓷碗，为什么陆羽却要求用青色的瓷杯？

【课外阅读资料】

陆羽《茶经》中28种煮茶与饮茶用具

茶器，是茶的一部分。陆羽一生嗜茶，精于茶道，对饮茶器具力求古雅美观的同时要有益于茶的汤质，并在《茶经》中详列28种煮茶和饮茶用具，可将其分为八类：

1. 生火用具

风炉：用铜或铁铸造而成，形如古代鼎，共有三只脚，壁体厚三分①，口沿宽九分，比炉壁多出的六分让它虚悬在口沿下，用泥涂抹上。

灰承：是用来制成三只脚的铁盘，承托着风炉的。

筥：用竹篾或者藤编织而成，高一尺二寸，直径七寸。

炭挝：用铁打造成的六棱形铁棒。长一尺，一头细，从中间开始逐渐粗大。可凭个人的爱好，打造成锤形或斧形。

火筴：火筴又叫作火筷，像人们平时用的火钳。通常用铁或熟铜制造。

2. 煮茶用具

鍑：用生铁制造而成锅，用于煎煮茶叶。

交床：用十字交叉的木架拼制而成，中间掏空，用于支放茶锅。

竹筴：可用桃木、柳木、柿心木或者棕榈木制作，长一尺，两端用银包裹。

3. 烤茶、碾茶与量茶用具

夹：夹子，用小青竹制成，长一尺二寸，青竹的上端一寸处须留有竹节，竹节以下对半剥开，用于夹烤茶饼。

纸囊：选用洁白而厚实的剡藤纸缝成夹层，用于贮藏烤好的茶饼，使茶叶的香气不容易溢出。

碾：用橘木制作最好，其次是用梨、桑、桐、柘等木制作，形状内圆外方。碾槽以恰好容下碾轮没有多余的地方为最佳。碾轮，形状像车轮，但没有辐条只有一个轴穿在中间。碾槽长九寸，宽一寸七分。碾轮直径三寸八分。中心厚一寸，周边厚半寸。轴的中心是方形，两手抓的地方是圆形。

拂末：用鸟的羽毛制作而成，用于刷茶末所用。

罗、合：由箩筛下来的茶末，用茶盒贮藏，把挑匙也放在盒里。罗，削一大竹片弯曲成圆形，用纱或绢蒙上绷紧做筛面。合，茶盒，用竹子的枝节制作而成，也可将杉木弯曲成圆形，外面涂抹上漆。

则：用海贝、牡蛎、蛤蜊之类的小介壳制作，或者用铜、铁、竹制作成匙形，是标准量器。

4. 盛水、滤水和取水用具

水方：用椆木、槐木、楸木、梓木等木片合制而成的桶，其缝隙要严密并用漆漆好。

漉水囊：即滤水的袋子，承托滤水袋的框格，用生铜铸造。滤水的袋子，用青

注：① 分、寸、尺均为我国古代计量单位，由于此处是引述陆羽《茶经》中的内容，故予以保留，其与现代SI单位的换算关系为：1分 = 0.33 cm，1寸 = 3.33 cm，1尺 = 33.33 cm。

竹片制作而成，并缝上丝绢。

瓢：用熟的葫芦剥开制作而成，或者用杂木掏空而成，现在人们通常用梨木制作。

熟盂：开水瓶，用瓷或沙石制作，用于储存开水。

5. 盛盐、取盐用具

鹾簋：用瓷制作而成，形状似盒子。

揭：用竹子制作而成，长四寸一分，宽九分。即竹片。

6. 饮茶用具

碗：茶碗，以越州出产的为上等品，鼎州、婺州出产的次之。岳州的茶碗同属于上等品，而寿州、洪州出产的稍差。

札：将棕榈丝片夹在茱萸木的一端，或者截一段竹子，将棕榈丝片束绑在一端，形状像一支大毛笔。

7. 盛器和摆设用具

具列：陈列架，可以制作成床或者架，用于存放各种器具。

都篮：用竹篾制作而成，因可以存放各种器具而得名。

畚：即簸箕，用白蒲叶卷拢编织而成，可用来装储十只茶碗。

8. 清洁用具

涤方：洗涤盆，用楸木板拼合制成，用于储存洗涤用水。

滓方：茶渣盆，其制作方法和“涤方”相同，用于储存喝过的茶滓。

巾：用粗布绸制作而成，用于清洁擦拭各种器具。

【课外实践活动】

参观茶文化传承与发展中心，体验贵州冲泡

一、时间

根据教学时间灵活安排。

二、活动地点

茶文化传承与发展中心。

三、活动内容

了解贵州冲泡流程；体验贵州冲泡。

四、活动要求

1. 活动前准备

（1）请班主任将班级学生分成几个小组，每小组安排小组长，填写“小组安排表”，活动时以小组为单位活动，将小组长名单告知相应车长。

（2）各班安排学生，在当天活动前为班级领食物。

（3）请班主任提前做好学生的乘车安全教育和茶企茶园纪律教育。

（4）请班主任将所在的车号、上车时间和集合时间准确通知学生，听从小组长和带班老师的指挥，不得单独行动，服从活动安排。

2. 集合出发

（1）根据教学时间安排好时间在操场集合。

（2）按照要求和班级参与活动的人数，到指定地点领取点心。

（3）在指定地点排队有序上车。

3. 车上纪律

文明乘车，不得大声吵闹，不得随意将头、手等部分伸出车外，不得在车厢内随意走动，垃圾入袋，服从司机和车长的安排。

4. 集合回校

以小组为单位，按时集合，找到所在车辆，向车长报道。全部师生到齐后发车回校。

5. 活动反馈

复习题

1. 简述都匀毛尖的主要审评器具。
2. 简述都匀毛尖的主要冲泡器具。
3. 简述都匀毛尖的民族茶艺器具。

第八章 茶之鉴

“有好茶喝，会喝好茶，是一种清福。”茶的品鉴是一门艺术，要真正体会都匀毛尖茶品质特征的韵味，需在“境”中“察言观色”“细嚼慢咽”，形成一种享受的行为实践。

第一节　都匀毛尖的品质特征

【问题探讨】

“都匀毛尖茶地理标志指标保护产品”定义都匀毛尖是指：“在都匀地区独特的自然生态环境条件下，选用适宜的茶树品种进行繁育栽培，用独特的传统加工工艺制作而成，具有苗岭山韵品种特征的都匀毛尖茶”。

【讨　　论】

都匀毛尖茶具有什么样的品质特征，其形成主要与什么有关？

都匀毛尖（原名鱼钩茶），是中国高端绿茶的精品，其外形具有白毫显露、条索紧细、卷曲似鱼钩，内质香高持久、汤色清澈明亮、滋味鲜爽回甘，叶底明亮、芽头肥壮等特点。素以“三绿透三黄”的品质特征著称于世，即干茶色泽绿中带黄，汤色绿中透黄，叶底绿中显黄，其品质优佳（图 8-1、图 8-2、图 8-3）。

图 8-1　都匀毛尖茶青

图 8-2　都匀毛尖干茶

图 8-3　都匀毛尖茶汤

第二节　都匀毛尖的独一无二

【问题与探讨】

黔南茶产区低纬度、高海拔、寡日照、多云雾的地理环境特点，孕育出品质优良的都匀毛尖茶，使其富含三个“独一无二”的传奇色彩。

【讨　　论】

都匀毛尖茶的“独一无二”表现在什么地方?

杰出的自然生态系统，以绝美的山水形象（如螺丝壳茶园，见图 8-4），出色地展示了黔南绿茶的形、色、香、味之美，深刻地诠释了黔南绿茶内在品质的卓越。在中国十大名茶中形成了三个“独一无二”。

品质在国内绿茶中独一无二。“在中国的绿茶领域，贵州绿茶是上上品，而在贵州绿茶中，都匀毛尖是极品，是奢侈品。”这是业内人士给都匀毛尖的定位和评价，也是对都匀毛尖品质的最高褒奖。专家评定都匀毛尖茶的品质特点是：色泽鲜绿，外形匀整，茸毛显露，条索卷曲，香气清嫩，汤色清澈，回味甘甜，内含丰富……

独特的手工炒制工艺在全国独一无二。都匀毛尖的手工炒制，分为杀青、揉捻、做形、提毫、烘焙五道工序，所有操作讲究火中取宝，一气呵成。而炒茶的成败全凭手感对温度的控制。独特而又复杂的工艺，使都匀毛尖在色、香、味、形、效上与众不同，在国内绿茶炒制工艺中堪称一绝。

成本之高在国内名茶中独一无二。生产 0.5 kg 的都匀毛尖需要 2.1 kg 茶青，约 7 万个芽头，按 2019 年春茶茶青 0.5 kg 200 元计算，0.5 kg 特级都匀毛尖的茶青成本就达到 840 元，加上加工费，成本近 1000 元。

图 8-4 螺丝壳茶园

第三节 都匀毛尖的鉴别方法

【问题探讨】

茶有真假、新陈、优劣之分，可依据茶鲜叶原材料、加工技艺、品质特征进行鉴别。都匀毛尖茶的鉴别包括简单鉴别与审评，前者主要鉴别都匀毛尖茶的真假与新陈，而审评可根据标准鉴别出优劣，评分等级，因此审评的环境、流程操作、参与人员都有严格要求。

【讨 论】

（1）都匀毛尖茶的审评程序是如何进行的？

（2）审评都匀毛尖茶有哪些审评方法？审评因子有哪些？

一、都匀毛尖的简单鉴别

都匀毛尖的分级标准：尊品、珍品、特级、一级、二级。

1．真假都匀毛尖鉴别

真都匀毛尖：产于贵州省黔南州，茶叶嫩绿匀齐，细小短薄，一芽一叶初展，形似雀舌，长 2 ~ 2.5 cm。外形条索紧细、卷曲，毫毛显露；叶底嫩绿匀齐；汤色嫩绿、黄绿、明亮；香气高爽、清香；滋味鲜浓、醇香、回甘。芽叶着生部位为互生，嫩茎圆形、叶缘有细小锯齿，叶片肥厚绿亮。

假都匀毛尖：汤色深绿、混暗，有臭气无茶香，叶底不匀，滋味苦涩、异味重或淡薄。芽叶着生部位一般为对生，嫩茎多为方形、叶缘一般无锯齿、叶片暗绿、柳叶薄亮。

2．新茶与陈茶鉴别

外观：新茶色泽鲜亮，泛绿色光泽，香气浓爽而鲜活，白毫明显，给人有生鲜感觉；陈茶色泽较暗，光泽发暗甚至发乌，白毫损耗多，香气低闷，无新鲜口感。

茶汤：新茶汤色新鲜淡绿、明亮、香气鲜爽持久，滋味鲜浓、久长，叶底鲜绿清亮；陈茶汤色较淡，香气较低欠爽，滋味较淡，叶底不鲜绿而发乌，欠明亮，保管不好的 5 min 后就泛黄。

二、都匀毛尖的审评方法

（一）审评术语

1．干茶外形术语

（1）显毫（tippy）：茸毛含量特别多。同义词茸毛显露。

（2）紧细（tight）：条索细长紧卷而完整。

（3）身骨（body）：茶身轻重。

（4）卷曲（crimp）：呈螺旋状或环状卷曲的茶条。

（5）轻飘（light）：身骨轻，茶在手中分量很轻。

（6）匀整（evenly）：上中下三段茶的粗细、长短、大小较一致，比例适当，无脱档现象。同义词匀齐、匀衬。

（7）脱档（unsymmetry）：上下段茶多，中段茶少，三段茶比例不当。

（8）匀净（neat）：匀整，不含梗朴及其他夹杂物。

（9）弯曲（bend）：不直，呈钩状或弓状，同义词钩曲（耳环）。

（10）紧结（tightly）：卷紧而结实。

（11）松条（loose）：卷紧度较差。同义词松泡。

（12）短碎（short and broken）：面张条短，下段茶多，欠匀整。

（13）松碎（loose and broken）：条松而短碎。

（14）下脚重（heavy lower parts）：下段中最小的筛号茶过多。

（15）爆点（blister）：干茶上的突起泡点。

（16）破口（chop）：折、切断口痕迹显露。

2．干茶色泽术语

（1）嫩绿（tender green）：浅绿嫩黄，也适用于汤色和叶底。
（2）深绿（deep green）：绿得较深，有光泽。
（3）墨绿（black green）：深绿泛乌有光泽。同义词乌绿。
（4）绿润（green bloom）：色绿而鲜活，富有光泽。
（5）枯暗（dry dull）：色泽枯燥，无光泽。
（6）调匀（even colour）：叶色均匀一致。
（7）花杂（mixed）：叶色不一，形状不一，也适用于叶底。

3．汤色术语

（1）清澈（clear）：清净、透明、光亮、无沉淀物。
（2）鲜艳（fresh brilliant）：鲜明艳丽，清澈明亮。
（3）鲜明（fresh bright）：新鲜明亮，也适用于叶底。
（4）深（deep）：茶汤颜色深。
（5）浅（light colour）：茶汤色浅似水。
（6）明亮（bright）：茶汤清净透明。
（7）暗（dull）：不透亮，也适用于叶底。
（8）混浊（suspension）：茶汤中有大量悬浮物，透明度差。
（9）沉淀物（precipitate）：茶汤中沉于碗底的物质。

4．香气术语

（1）馥郁（fragrance）：芬芳持久，沁人心脾。
（2）鲜嫩（fresh and tender）：具有新鲜悦鼻的嫩茶香气。
（3）鲜爽（fresh and brisk）：新鲜爽快。
（4）清高（clean and high）：清香高而持久。
（5）清香（clean aroma）：清鲜爽快。
（6）花香（flowery flavour）：茶香鲜悦，具有令人愉快的似鲜花香气。
（7）板栗香（chestunt flavour）：似熟栗子香。
（8）甜香（sweet aroma）：香高有甜感。
（9）高香（high aroma）：茶香高而持久。
（10）纯正（pure and normal）：茶香不高不低，纯净正常。
（11）平正（normal）：较低，但无异杂气。
（12）低（low）：低微，但无粗气。
（13）钝浊（stunt）：滞钝不爽。
（14）闷气（sulks odour）：沉闷不爽。
（15）粗气（harsh odour）：粗老叶的气息。
（16）青臭气（green odour）：带有青草或青叶气息。

（17）高火（high-fired）：微带烤黄的锅巴或焦糖香气。

（18）老火（over-fired）：火气程度重于高火。

（19）陈气（stale odour）：茶叶陈化的气息。

（20）劣异气（gone-off and tainted odour）：烟、焦、酸、馊、霉等茶叶劣变或污染外来物质所产生的气息。使用时应指明属何种劣异气。

5．滋味术语

（1）爽口（brisk）：有刺激性，回味好，不苦不涩。

（2）鲜浓（fresh and heavy）：鲜洁爽口，富收敛性。

（3）回甘（sweet after taste）：回味较佳，略有甜感。

（4）浓厚（heavy and thick）：茶汤味厚，刺激性强。

（5）醇厚（mellow and thick）：爽适甘厚，有刺激性。

（6）浓醇（heavy and mellow）：浓爽适口，回味甘醇，刺激性比浓厚弱而比醇厚强。

（7）醇正（mellow and normal）：清爽正常，略带甜。

（8）醇和（mellow）：醇而平和，带甜，刺激性比醇正弱而比平和强。

（9）平和（neutral）：茶味正常、刺激性弱。

（10）淡薄（plain and thin）：入口稍有茶味，以后就淡而无味。同义词和淡、清淡、平淡。

（11）涩（astringency）：茶汤入口后，有麻嘴厚舌的感觉。

（12）粗（harsh）：粗糙滞钝。

（13）青涩（green and astringency）：涩而带有生青味。

（14）苦（bitter）：入口即有苦味，后味更苦。

（15）熟味（ripe taste）：茶汤入口不爽，带有蒸熟或焖熟味。

（16）高火味（high-fire taste）：高火气的茶叶，在尝味时也有火气味。

（17）老火味（over-fired taste）：近似带焦的味感。

（18）陈味（stale taste）：陈变的滋味。

（19）劣异味（gone-off and tainted taste）：烟、焦、酸、馊、霉等茶叶劣变或污染外来物质所产生的味感。使用时应指明属何种劣异味。

（20）熟闷味（stewed taste）：软熟沉闷不爽。

6．叶底术语

（1）细嫩（fine and tender）：芽头多，叶子细小嫩软。

（2）柔嫩（soft and tender）：嫩而柔软。

（3）柔软（soft）：手按如绵，按后伏贴盘底。

（4）匀（even）：老嫩、大小、厚薄、整碎或色泽等均匀一致。

（5）杂（uneven）：老嫩、大小、厚薄、整碎或色泽等不一致。

（6）嫩匀（tender and even）：芽叶匀齐一致，嫩而柔软。
（7）肥厚（fat and thick）：芽头肥壮，叶肉肥厚，叶脉不露。
（8）开展（open）：叶张展开，叶质柔软。同义词舒展。
（9）摊张（open leaf）：老叶摊开。
（10）鲜亮（fresh bright）：鲜艳明亮。
（11）暗杂（dull and mixed）：叶色暗沉、老嫩不一。
（12）硬杂（hard and mixed）：叶质粗老、坚硬、多梗、色泽驳杂。
（13）焦斑（scorch batch）：叶张边缘、叶面或叶背有局部黑色或黄色烧伤斑痕。

（二）感官记录

都匀毛尖，属于中国十大名茶之一。审评时，先从条索、整碎、色泽、净度等因子进行外形审评；然后称样、开汤，再按照香气、汤色、滋味、叶底的顺序逐项进行审评，并及时记录感官审评品质（表 8-1）。

都匀毛尖茶五项因子的各审评要素如下：
（1）外形，即干茶的条索、整碎、色泽、净度；
（2）汤色，即茶汤的颜色种类与色度、明暗度和清浊度等；
（3）香气，即香气的类型、浓度、纯度、持久性；
（4）滋味，即滋味的浓度、厚涩、纯异和鲜钝等；
（5）叶底，即叶底的嫩度、色泽、明暗度和匀整度（包括嫩度的匀整度和色泽的匀整度）。

表 8-1　感官审评品质记录表

茶样	品质特征					总分
	外形	香气	汤色	滋味	叶底	

审评者　　　　　　　　　　　　　　日期

（三）评茶计分

1．评分表

（1）传统加工都匀毛尖（表8-2）

表8-2　传统加工都匀毛尖品质评语与各品质因子评分表

因子	档次	品质特征	评分	评分系数
外形（a）	甲	细嫩，以单芽到一芽一叶初展为原料，紧细卷曲、白毫满布，色泽绿润、匀齐完整，洁净	90～99	25%
	乙	较细嫩，紧细卷曲、白毫显露，色泽绿较润、匀齐完整，洁净	80～89	
	丙	嫩度稍低，较紧细、卷曲显毫，色泽绿较润、匀整，净度较好	70～79	
汤色（b）	甲	嫩黄绿、明亮清澈	90～99	10%
	乙	黄绿、明亮清澈	80～89	
	丙	黄绿、较明亮	70～79	
香气（c）	甲	嫩香持久	90～99	25%
	乙	嫩香尚持久	80～89	
	丙	栗香持久	70～79	
滋味（d）	甲	鲜爽回甘	90～99	30%
	乙	鲜爽尚回甘	80～89	
	丙	鲜醇	70～79	
叶底（e）	甲	嫩匀、鲜活、黄绿明亮	90～99	10%
	乙	黄绿明亮	80～89	
	丙	黄绿、较明亮	70～79	

（2）机械加工都匀毛尖（表8-3）

表8-3　机械加工都匀毛尖品质评语与各品质因子评分表

因子	档次	品质特征	评分	评分系数
外形（a）	甲	以单芽、一芽一叶初展到一芽一叶为原料，紧细卷曲、白毫满布或白毫显露，色泽绿润，匀齐完整，洁净	90～99	25%
	乙	较嫩，以一芽一叶半开展和一芽二叶初展及其同等嫩度对夹叶为主原料，尚紧细显毫或露毫，色泽尚绿润，匀整，净度较好	80～89	
	丙	嫩度稍低，以一芽二叶、三叶为主原料，造型特色不明显，尚紧细、尚弯曲、色泽深绿或墨绿、尚匀整，净度尚好	70～79	

续表

因子	档次	品质特征	评分	评分系数
汤色（b）	甲	嫩（浅）黄绿明亮、清澈	90～99	10%
	乙	绿较明亮或尚明亮	80～89	
	丙	较黄绿、尚明亮	70～79	
香气（c）	甲	嫩（清）香持久	90～99	25%
	乙	清香尚持久	80～89	
	丙	栗香持久或栗香纯正	70～79	
滋味（d）	甲	鲜爽回甘或较鲜爽	90～99	30%
	乙	鲜醇、较鲜醇	80～89	
	丙	醇和、纯和	70～79	
叶底（e）	甲	嫩匀、鲜活、黄绿明亮	90～99	10%
	乙	黄绿、较明亮或较黄绿、较亮	80～89	
	丙	较黄绿、尚明亮	70～79	

2．对样审评

（1）级别判定

对照一组标准样品，比较未知茶样品与准样品之间某一级别在外形和内质相符程度（或差距）。首先，对照一组标准样品的外形，从外形的形状、嫩度、色泽、整碎和净度五个方面综合判定未知样品等于或约等于标准样品中的第一级别，即定为该未知样品的外形级别；然后从内质的汤色、香气、滋味与中叶底四个方面综合判定未知样品等于或约等于标准样品中的某一级别，即定为该未知样品的内质级别。未知样品最后的级别判定结果如下：

未知样品的级别 =（外形级别+内质级别）÷2

（2）合格判定

① 评分

以成交样品或（贸易）标准样品相应等级的色、香、味、形的品质要求为水平依据，按规定的审评因子（八因子：条索、整碎、色泽、净度、汤色、香气、滋味、叶底）和审评方法，将样品对照（贸易）标准样品或成交样品逐项对比审评，判断结果按“七档制”（表 8-4）方法进行评分。

表 8-4　七档次审评方法

七档制	评分	说　明
高	+3	差异大，明显好于标准样品
较高	+2	差异较大，好于标准样品
稍高	+1	仔细辨别才能区分，稍好于标准样品
相当	0	标准样品或成交样品的水平
稍低	−1	仔细辨别才能共分，稍差于标准样品
较低	−2	差异较大，差于标准样品
低	−3	差异大，明显差于标准样品

② 结果计算

审评结果计算方法如下：

$$Y = A_1 + B_1 + \cdots + H_1$$

式中　Y——茶叶审评总得分；

A_1，B_1，…，H_1——各审评因子的得分。

③ 结果判定

任何单一审评因子中得 −3 分者判为不合格；总得分≤ −3 分者为不合格。

3．茶叶品质顺序排列

（1）评分

① 评分的形式

a. 独立评分；整个审评过程由一个或若干个评茶员独立完成。

b. 集体评分；整个审评过程由三人或三人以上（奇数）评茶员一起完成，参加审评的人员组成一个审评小组，推荐其中一人做主评。审评过程中由主评先评出分数，其分人员根据品质标准对主评出具的分数进行修改与确认，对观点差异较大的茶进行讨论，最后共同确定分数，如有争论，投票决定。并加注评语，评语应引用《都匀毛尖茶感官审评术语》中的术语。

② 评分的方法

茶叶品质顺序的排列样品应在两只以上，评分前工作人员对茶样进行分类、密码编号，审评人员在不了解茶样的来源、密码条件下进行盲评，根据审评知识与品质标准，按外形、汤色、香气、滋味和叶底“五因子”，采用百分制，在公平、公正条件下给每个茶样每项因子进行评分，并加注评语，评语应引用《都匀毛尖茶感官审评术语》中的术语。评分表参见附录 A。

③ 分数的确定

a. 每个评茶员所评的分数相加总和除以参加评分的人数所得的分数；

b. 当独立评分评茶员人数达 5 人以上时，可在评分的结果中去除一个最高分和一个最低分，其余的分数相加的总和除以人数所得的分数。

④结果计算

将单项因子的得分与该因子的评分系数相乘，并将各个乘积值相加，即为该茶样审评的总得分。计算方法如下：

$$Y = A\times a + B\times b + \cdots + E\times e$$

式中 Y——茶叶审评总得分；

A，B，…，E——各品质因子的审评得分；

a，b，…，e——各品质因子的评分系数。

都匀毛尖审评因子评分系数见表 8-5。

表 8-5 都匀毛尖茶品质因子评分系数（单位：%）

茶类	外形（a）	汤色（b）	香气（c）	滋味（d）	叶底（e）
传统加工都匀毛尖	25	10	25	30	10
机械加工都匀毛尖	20	10	30	30	10

（2）结果评定

根据计算结果审评的名次按分数从高到低的次序排列。

如遇分数相同者，则按“滋味→外形→香气→汤色→叶底”的次序比较单一因子得分的高低，高者居前。

【思考与讨论】

六大茶类如何品鉴，有哪些要点？

【课外阅读资料】

六大茶类的划分及其基本特征

中国茶类根据制作方法和茶多酚氧化（发酵）程度的不同，可分为六大茶类，分别为绿茶（不发酵）、白茶（轻微发酵）、黄茶（轻发酵）、青茶（半发酵）、黑茶（后发酵）、红茶（全发酵）。

1. 绿茶

属不发酵茶，具有清汤绿叶，清香、醇美、鲜爽的基本特征。

外形各异，主要有：条形、针形、扁形、螺形、尖形、片形、束形、毛峰、毛尖、卷曲形、圆珠形、单芽形等。绿茶有效成分以氨基酸为主，故多采嫩芽制成，明前茶（清明前采制）最为珍贵，其次为雨前茶（清明后谷雨前采制）。知名绿茶有：

（1）西湖龙井（扁形，杭州）；

（2）都匀毛尖（毛尖，贵州）

（3）洞庭碧螺春（螺形，苏州）；

（4）六安瓜片（片形，安徽）；
（5）黄山毛峰（毛峰，安徽）；
（6）太平猴魁（尖形，安徽）；
（7）庐山云雾（条形，江西）；
（8）信阳毛尖（毛尖，河南）；
（9）恩施玉露（松针形，湖北）等。

2. 红茶

属全发酵茶。具有香高、色艳、味浓，红叶红汤，滋味浓厚甘醇，似桂圆汤，部分具有松烟香味。

红茶可分为小种红茶、工夫红茶、红碎茶（切细红茶）、红砖茶（米砖茶）。知名红茶有：

（1）安徽的祁门红茶；
（2）云南的滇红；
（3）福建的闽红（正山小种：金骏眉、银骏眉、坦洋工夫）；
（4）四川的川红（早白尖）；
（5）湖北的宜红；
（6）江西的宁红（宁红金毫）；
（7）浙江的越红；
（8）湖南的湖红；
（9）台湾的台红（日月红茶）等。

3. 白茶

属轻微发酵茶，基本特征为色白隐绿，汤色黄白，滋味鲜醇，清香甘美。主产于福建福鼎、建阳、政和、松溪等地。白茶分为白芽茶和白叶茶。知名白茶有：

（1）白毫银针，产于福鼎、政和等县；
（2）白牡丹，产于建阳、政和、松溪、福鼎等县；
（3）贡眉（寿眉），产于建阳、浦城等县；
（4）天目湖白茶，产于江苏常州溧阳市天目湖旅游区。

4. 青茶

又称为乌龙茶，属半发酵茶，因外形青褐，故称为青茶。基本特征为绿叶红镶边，清香醇厚。知名青茶有：

（1）北乌龙茶（武夷岩茶：大红袍、肉桂、水仙）；
（2）闽南乌龙茶（安溪铁观音、黄金桂、毛蟹、本山）；
（3）广东乌龙茶（凤凰单枞）；
（4）台湾乌龙茶（文山包种、冻顶乌龙、东方美人等）。

5. 黄茶

属轻发酵茶，具有黄汤黄叶、金黄明亮，甘香醇爽的基本特征。

按鲜叶原料嫩度可将黄茶分为黄芽茶、黄小茶、黄大茶三类。知名黄茶有：

（1）湖南的君山银针、北港毛尖、莫干黄芽；

（2）四川的蒙顶黄芽；

（3）徽的霍山黄芽、皖西（霍山）黄大茶；

（4）湖北的远安鹿苑毛尖；

（5）广东的大叶青等。

6. 黑茶

属后发酵茶，粗大黑褐、陈香醇厚为其基本特征。因主供边疆少数民族消费，亦称边销茶。知名黑茶有：

（1）湖南黑茶（花卷三尖四砖）；

（2）湖北老青砖茶；

（3）四川边茶；

（4）云南普洱熟茶；

（5）广西六堡茶。

【课外实践活动】

参观茶文化传承与发展中心，六大茶类识别

一、时间

根据教学时间灵活安排。

二、活动地点

茶文化传承与发展中心。

三、活动内容

了解六大茶类特征；进行六大茶类的识别。

四、活动要求

1. 活动前准备

（1）请班主任将班级学生分成几个小组，每小组安排小组长，填写“小组安排表”，活动时以小组为单位活动，将小组长名单告知相应车长。

（2）各班安排学生，在当天活动前为班级领食物。

（3）请班主任提前做好学生的乘车安全教育和茶企茶园纪律教育。

（4）请班主任将所在的车号、上车时间和集合时间准确通知学生，听从小组长和带班老师的指挥，不得单独行动，服从活动安排。

2. 集合出发

（1）根据教学时间安排好时间在操场集合。

（2）按照要求和班级参与活动的人数，到指定地点领取点心。

（3）在指定地点排队有序上车。

3. 车上纪律

文明乘车，不得大声吵闹，不得随意将头、手等部分伸出车外，不得在车厢内

随意走动，垃圾入袋，服从司机和车长的安排。

4. 集合回校

以小组为单位，按时集合，找到所在车辆，向车长报道。全部师生到齐后发车回校。

5. 活动反馈

复习题

1. 简述都匀毛尖的特征。
2. 简述都匀毛尖的简单鉴别方法。
3. 简述都匀毛尖的审评方法。

第九章 茶之煮

明清之前，茶多以煎煮为主，并加以姜、盐、枣、橘皮等为佐料。陆羽在《茶经》中提到茶有真香，并提出不应该在茶中加入其他辅料，宋代的蔡襄和宋徽宗也分别提出，延续陆羽这一观点，明代之后泡清茶才开始盛行，却也没有完全杜绝煎茶风俗。

第一节 都匀毛尖的冲泡

【问题与探讨】

“茶性必发于水，八分之茶，遇十分之水，茶必十分矣；八分之水，试十之茶，茶只分耳。”沏茶以泉水为佳，唐代陆羽《茶经•五之煮》说：“其水，用山水上，江水中，井水下。其山水，拣乳泉、石池漫流者上。”一方水土育一方茶，都匀毛尖的冲泡用水还需取自其产地，以温其性情，韵其真味。除此之外，冲泡技艺、方法也是茶叶品质呈现的关键所在。

【讨　　论】

（1）都匀毛尖茶的冲泡用水主要有哪些？以什么为最佳？

（2）都匀毛尖茶的冲泡有什么要求，冲泡方法分别有哪些？

一、都匀毛尖的冲泡用水

1．中华泡茶好水——云雾水

“毛尖茶、云雾水”是黔南“双绝”，被誉为“中国十大名茶”“中国十大名水”。

云雾水，位于都匀市贵定县云雾山。其深藏于 3000 m 以下的碳酸盐地层，汲附时间长达 1500 年以上，再经 50 年以上的深循环，堪称大自然的精华。

云雾水为泡茶的最佳用水，甘洌清凉、透明如玉，低钠、低矿化度，富含锶、锌、镁等 14 种人体必需微量元素，常饮可防治心血管疾病，延缓衰老，特别是对青少年智力发育、骨骼生长具有促进作用。于 2007 年国际茶博会首届国际品茶斗水大赛，获得“中华泡茶好水”“中国十大泡茶名水”称号，是国内外第一个由各国水科学界和水生产商联合评定的“无冕水王”。

2．最古老的泡茶泉水——聪明井

聪明井，又称为文庙井，位于都匀市独山县民族中学校园内，为“百井城”独山县城关镇百井之一。

相传东汉时，牂牁人尹珍跋涉千里赴京拜许慎为师，研习五经文字；学归故里，建草堂三楹，开创西南地区学校教育。又因独山出现了西南巨儒莫友芝等文人，后人将尹珍煮茶用的水称为聪明井，常取水煮茶，祈求金榜题名或高考成功。

3．奇妙的都匀——珍珠泉

都匀珍珠泉，又称为“龙井”，位于都匀市洛邦镇瓮桃村湾寨，四面环山；晶碧的泉水下点缀着各色水生植物，舒枝展叶、亭亭玉立、鲜艳欲滴；从泉底“突突突”地涌起一粒粒如珍珠般的小水泡，在水里撒欢儿般散开，又扑扑扑地成片在水面消失。

珍珠泉与都匀毛尖茶齐名，清凉甘洌、凉爽可口；用其沏茶，闻则香、饮则甜、咽则滑，齿间留香，让人回味无穷。

4．我国唯一的两江分水岭茶楼——两江水

两江水，位于长江、珠江水系分水岭黔南最高峰——都匀斗篷山（海拔 1960 m），山溪湍急，野生植物丰富，具有鹅掌楸、红豆杉、马尾松、十齿花、香树等 22 种国家一级保护植物。山雄、谷幽、林美、水秀，正如中国著名书法家戴明贤先生于两江水茶楼题写的楹联，上联“一山咫尺间”，下联“两江千里外”，横批“物我合一”。

二、都匀毛尖的冲泡方法

（一）茶具选用

（1）冲泡都匀毛尖茶宜选用圆柱形无色透明玻璃杯，口径 6～7 cm，高度 15～16 cm。

（2）亦可选用无色透明玻璃盖碗杯，公道杯、滤网、无色透明品茗杯。

（3）茶具选用质量要求应符合 GB 13121 的规定。

（二）用水要求

水质对茶汤的滋味影响很大，水的硬度直接影响茶汤的色泽和茶叶有效成分的溶解，硬度高则色黄褐而味淡，严重的会味涩以致味苦。应选用当地的矿泉水（软水）、山泉水或纯净水。静置 24 h 后的城市自来水，其卫生标准应符合 GB 5749 规定。

（三）环境要求

品茶环境应清静、整洁、幽雅、气氛和谐。若室内布置能彰显地方茶文化更好，面积一般在 20 m^2 以上。备有品茶桌、流水茶盘、随手泡、茶叶罐、茶道组、茶巾。

（四）冲泡程序

都匀毛尖茶的冲泡，讲究技艺，蕴含哲理，一举一动，有板有眼。最重要的是动作的完美整合和过程的统一。这里，将玻璃杯具冲泡程序简述如下：

1．赏　茶

毛尖茶十分珍贵，色香味形俱佳，又饱含文化底蕴。所以，可在冲泡之前，放少量干茶于赏茶盘中，让品饮者观赏闻香。如果同时介绍一下毛尖茶的品质特征和文化背景，则更能引起品茶者的兴趣。

2．温　杯

温杯的作用有二：一是洁净饮具。尽管所用的玻璃杯是事先清洁过的，甚至是消过毒的，但温杯往往会给人以心理上的慰藉；二是使杯具器温升高，特别是冬天泡毛尖茶，能使茶汤温度不会因杯具吸热而使温度双骤降，影响茶水质量。

3．置　茶

通常按 1 g 毛尖茶，冲 50 mL 左右水量的比例，视饮杯大小，将茶一一拨入杯中待泡。如用 200 mL 容水量的饮杯，则置上 3 g 毛尖茶，冲水七分满就可以了。

4．浸润泡

泡毛尖茶时，先用少量开水冲入已置有毛尖茶的饮杯，以浸湿杯中茶叶。随即稍加晃动，提杯按逆时针方向转动数圈，目的在于使杯中毛尖茶浸润，便于继续冲泡时，茶中的内含物尽快浸出，茶叶也不会因一时难以浸透而浮在茶汤表面。

5．正　泡

毛尖茶经浸润泡后，就进行正泡。正泡时，可将水壶由低向高，连拉三下，俗称“凤凰三点头”，有表示向客人三鞠躬之意。再冲水至七分杯满为止，留下三分空间，表示“七分茶，三分情”。当然，亦可采用“高山流水”式把水冲入泡饮杯中。这样，还可使毛尖茶在冲泡过程中上下翻滚，使茶汁很快浸出，与水融为一体。

6．奉　茶

面带微笑，做到欠身双手奉茶，并示意客人“品茶”。

（五）冲泡方法

1．洁具、赏茶

（1）玻璃杯：将随手泡中烧开的水，冲入无色透明玻璃杯 1/3 处，旋转洗烫，倾倒于流水茶盘里。冲水行走生风，寓意风雨，茶盘代表大地，比喻春去秋来，茶芽萌动、生长、收获。

（2）盖碗杯：将随手泡中烧开的水，冲入盖碗杯、公道杯 1/3 处、品茗杯冲满，旋转洗烫，倒净。

（3）将开水倒入玻璃杯（或盖碗杯）七分满处，凉汤，水温 80 ~ 85 °C。

（4）取茶：观赏都匀毛尖白毫显露、紧细卷曲的形状特征。

2．投　茶

（1）玻璃杯：用上投法将都匀毛尖茶投入玻璃杯中，茶量按 1 g 茶倒 40 ~ 60 mL 水的比例。此时，身披白毫的都匀毛尖吸水后飘飘洒洒、舞姿优美地落入杯底，独具艺术性和观赏性。

（2）盖碗杯：用上投法将都匀毛尖茶投入盖碗杯中，茶量按 1 g 茶倒 20 ~ 30 mL 水的比例。用盖慢慢将茶挪入水中，不可盖盖。茶舞之间，可观赏到杯中水由无色逐步变为绿色的美妙过程。

3．浸　泡

（1）玻璃杯：浸泡时间 2 ~ 3 min。汤色逐渐转绿的过程，比喻春天的到来，万物复苏，大地绿了，一片生机。绿色是希望、是安全、是和谐。

（2）盖碗杯：浸泡时间 1 ~ 1.5 min。将茶汤倒入公道杯中均匀后，再分入品茗杯七分满处。

4．品　饮

（1）闻香：举杯在鼻前嗅闻、分热闻、温闻和冷闻。清香与嫩香交融、沁人心脾。

（2）观汤与叶底：看汤色的绿度。赏叶底的姿态，可见叶包芽形状——似在丛中笑，芽叶经历了生长、采摘、加工、冲泡，将香高味美之茶汤奉献给人们。

（3）品饮：小口吸入，与舌头各部位充分接触后咽下，醇爽回甘，令人心旷神怡。

（4）冲泡次数：

玻璃杯：3 ~ 4 次。

盖碗杯：5 ~ 7 次。

第二节　都匀毛尖的茶艺

【问题与探讨】

茶艺，萌芽于唐，发扬于宋，改革于明，极盛于清，是包括茶叶品评技法和艺术操作手段的鉴赏以及品茗美好环境的领略等整个品茶过程的美好意境，其过程体现形式和精神的相互统一。茶艺的内涵不仅仅是欣赏，而且有渗入，在手起水落间，感悟人世沉浮。都匀毛尖茶通常是以玻璃杯茶艺展示其姿态与韵味，而依据民俗又可将都匀毛尖的茶艺分为不同的少数民族茶艺。

【讨　　论】
（1）茶艺在形式上主要包含哪些内容？
（2）都匀毛尖的少数民族茶艺主要有哪些？

一、都匀毛尖的玻璃杯茶艺

（一）茶具选配（表 9-1）

表 9-1　茶艺使用设备及器具清单

名　称	材料质地	规　格
茶艺桌	木制	120 cm×60 cm×65 cm
茶艺凳	木制	40 cm×30 cm×40 cm
茶席	竹布制品	约 150 cm×40 cm
玻璃杯	玻璃制品	高 8.5 cm，口径 7 cm 容量 120 mL
奉茶盘	竹木制品	27 cm×13 cm×2 cm
杯托	玻璃制品或竹木制品	直径 12 cm
茶叶罐	陶瓷制	8 cm×16 cm
茶匙	竹木制品	长 16.5 cm
茶匙架	木制	长 4 cm
茶叶罐	陶瓷制品	直径 7.5 cm，高 11 cm
水盂	玻璃或陶制	600 mL
茶荷	竹制品或玻璃制品	14.5 cm×5.5 cm
煮水器	随手泡	容量 12 000 mL 左右
汤壶	陶制或玻璃制	容量约 800 mL
奉茶盘	竹木制	30 cm×20 cm
茶巾	棉、麻织品	约 30 cm×30 cm

（二）茶艺流程

（1）备　器
① 主泡器：玻璃杯 3 只。
② 备水器：随手泡。
③ 辅助器：茶盘、奉茶盘、茶样罐、茶荷、茶匙、茶巾、水盂等。
（2）布　席
茶叶罐左上、茶荷茶匙放左下，茶巾下方，茶水壶右上方，水盂手右手边（图 9-1）。

图 9-1　布　席

注：布席中茶具的摆放原则遵循干湿分区，可根据个人习惯或操作方便选择水壶、水盂在左或者在右。

（3）行　礼

行礼时上半身与地面呈 90° 角（图 9-2）。

图 9-2　行　礼

（4）择　水

尽可能选用清洁的水——矿泉水、纯净水、自来水等。

（5）取　火

取柴火点燃酒精灯（若使用电热、燃气，打开开关即可），提壶置于茗炉上。

（6）候　汤

急火煮水至初沸（90 °C 左右），初沸后熄火，待水温降低到水温 80 ~ 85 °C。

（7）赏　茶

茶叶从茶样罐中拨入茶荷中（图 9-3），双手捧给来宾欣赏干茶外形、色泽及嗅闻干茶香（图 9-4），赏茶完毕茶荷放于左下方，以备投茶时用。

图 9-3　取　茶

图 9-4　赏　茶

注：在围坐场合，主泡可直接双手捧茶荷给来宾看；在主宾分离场合，可由副泡或主泡捧茶荷于来宾面前。

（8）温杯洁具

将随手泡中烧开的水，冲入无色透明玻璃杯 1/3 处，旋转洗烫，倾倒于水盂里（图 9-5）。

图 9-5　温杯洁具

注：若是圆筒形玻璃杯，荡涤后，弃水方式有二：一是右手持杯身，杯口向左，置于平伸的左手掌上，同时伸开右掌，向前搓动，使杯中水在旋转中倒入水盂；二是左手托杯身，杯口朝左，右手持杯基，旋转杯身，使杯中水在旋转中倒入水盂，然后轻轻放回茶杯。

（9）注　水

将水壶由低向高，连拉三下，俗称“凤凰三点头”，有表示向客人三鞠躬之意。再冲水至杯七分满为止。当然，亦可采用“高山流水”式把水冲泡饮杯中（图 9-6）。

图 9-6　注　水

注：冲水至杯七分满，留下三分空间，寓意“七分茶，三分情”。

（10）投　茶

1 g 茶倒入 40 ~ 60 mL 水的比例，取干茶置于玻璃杯中（图 9-7）。投茶量可根据冲泡茶类及个人口味而变化。

图 9-7 投 茶

注：投茶用茶拨将茶叶轻轻拨入玻璃杯中，连拨三次，三次之后茶荷中无茶叶为好。

（11）浸 泡

茶在玻璃杯中浸泡 2 ~ 3 min，汤色转绿的过程（图 9-8）。

图 9-8 浸 泡

（12）奉 茶

将泡好的茶用双手环抱式端放于茶巾上，再放入奉茶盘中，面带微笑走到客人面前，按主次、长幼顺序奉茶给客人，并行伸掌礼向客人敬茶（图 9-9）。

茶文化

茶文化

茶文化

茶文化

茶文化

茶文化

茶文化

茶文化

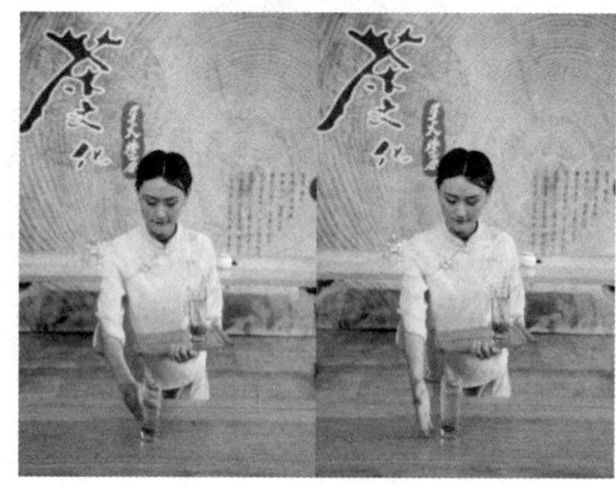
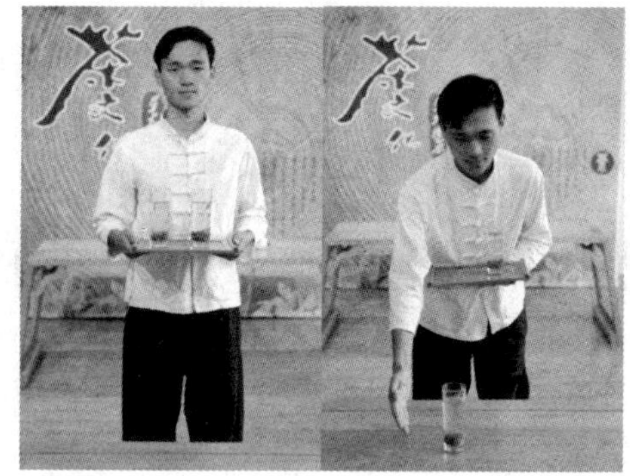

图 9-9 奉 茶

注：茶汤不宜太烫以免烫伤，一般在 50～60 °C，且汤色均匀；右手端茶，从客人的右方奉茶，面带微笑，眼睛注视对方并说：“请喝茶或这是您的茶，请慢用”等礼貌用语，敬完一位客人向下一位敬茶时都要先往后移步再转身走向下一位客人，敬完回到自己座位上。

（13）品 饮

右手虎口张开拿杯，女性辅以左手指轻托茶杯底，男性可单手持杯。先闻香，次观色，再品味，而后赏形（图 9-10 至图 9-12）。

图 9-10 看汤色

图 9-11　闻　香

图 9-12　尝滋味

（14）收　具

品茶结束，将泡茶用具收好，向客人行礼（图 9-13）。

图 9-13　收　具

（三）茶艺欣赏

为更好地展现茶叶，特别是名优绿茶的外形、汤色等，常采用玻璃杯冲泡。投茶和注水的顺序视茶叶而定，因都匀毛尖比较嫩，采用上投法，具体流程如下：

（1）洁具、赏茶——风雨送春归

旋转洗烫，倾倒于流水茶盘里，冲水行走生风，寓意风雨，茶盘代表大地，比喻春去秋来，茶芽萌动、生长、收获；观赏都匀毛尖白毫显露、紧细卷曲的形状特征。

（2）投茶——飞雪迎春到

身披白毫的茶叶吸水后飘飘洒洒，舞姿优美地落入杯中，独具艺术性和观赏性，仿佛美丽的姑娘在舞动独具特色的黔南民族风情。

（3）浸泡——只把春来报

茶在玻璃杯中浸泡 2 ~ 3 min，汤色转绿的过程，比喻春天到来，万物复苏，一片生机。

（4）品饮——她在丛中笑

闻香，观叶底，看汤色的绿度，赏叶底的姿态，可见叶包芽形状，似在丛中笑，芽叶经历了生长、采摘、加工、冲泡，将香高味美的茶汤奉献给人们。

二、都匀毛尖的少数民族茶艺

（一）布依族“姑娘茶”

在布依族习俗里茶无处不在，从出生、婚姻、节庆、丧葬到造房，茶礼茶俗是一根贯穿民俗文化的神秘丝线，在他们的生活中灼灼生光，其中，最具青春色彩的是“姑娘茶”，布依语叫“央哨几”。每当清明节前，布依族的姑娘们便上山采摘和她们一样“青翠欲滴”珍贵的“雀嘴芽”，加工成顶级的茶叶。她们精心地将茶叶一片一片地叠放成圆锥体，再经过整形处理，制成形态优美的“姑娘茶”，象征着布依族姑娘纯洁、珍贵的感情，作为礼品赠送给亲朋好友，或在定亲时，作为信物赠给恋人。以茶传情、以茶表心，高山美茶因此多了一份青春的向往和爱情的纯真，是布依儿女的“羞答答的玫瑰”。

1．茶具选配（表 9-2）

表 9-2　茶艺使用设备及器具清单

名　称	材料质地	备　注
茶艺桌	木制	120 cm×60 cm×65 cm
茶艺凳	木制	40 cm×30 cm×40 cm
茶壶	陶瓷制品	140 ~ 200 mL
烧水壶	铜制	1000 ~ 1200 mL
奉茶盘	竹木制品	27 cm×13 cm×2 cm

续表

名　称	材料质地	备　注
公道杯	陶瓷制品	20 cm×25 cm×30 cm
杯托	陶瓷制品	3 只（直径 10～12 cm）
茶匙	竹木制品	长 16.5 cm
茶匙架	木制	长 4 cm
茶叶罐	陶瓷制品	直径 7.5 cm，高 11 cm
茶荷	竹制品或金属	6.5～12 cm
茶碗	陶瓷制品	50 mL
茶巾	棉、麻织品	约 30 cm×30 cm

2．茶艺流程

（1）备　器

① 主泡器：茶壶、公道杯、3 只品茗杯。

② 备水器：随手泡。

③ 辅助器：奉茶盘，茶样罐、茶荷、茶匙、茶巾、水盂、茶匙、茶匙架等。

（2）布　席

茶荷茶匙放左上，茶水壶右上方，水盂下方，器具摆放如图 9-14 所示。

图 9-14　布　席

注：布席中茶具的摆放原则遵循干湿分区，可根据个人习惯或操作方便选择水壶、水盂在左或者在右。

（3）行　礼

行礼时上半身与地面呈一定角度（图 9-15）。

图 9-15　行　礼

（4）洗　杯

将随手泡中烧开的水，冲入壶中旋转洗烫倒入公道杯中，在将水倒入品茗中，最后倾倒于水盂里（图 9-16）。

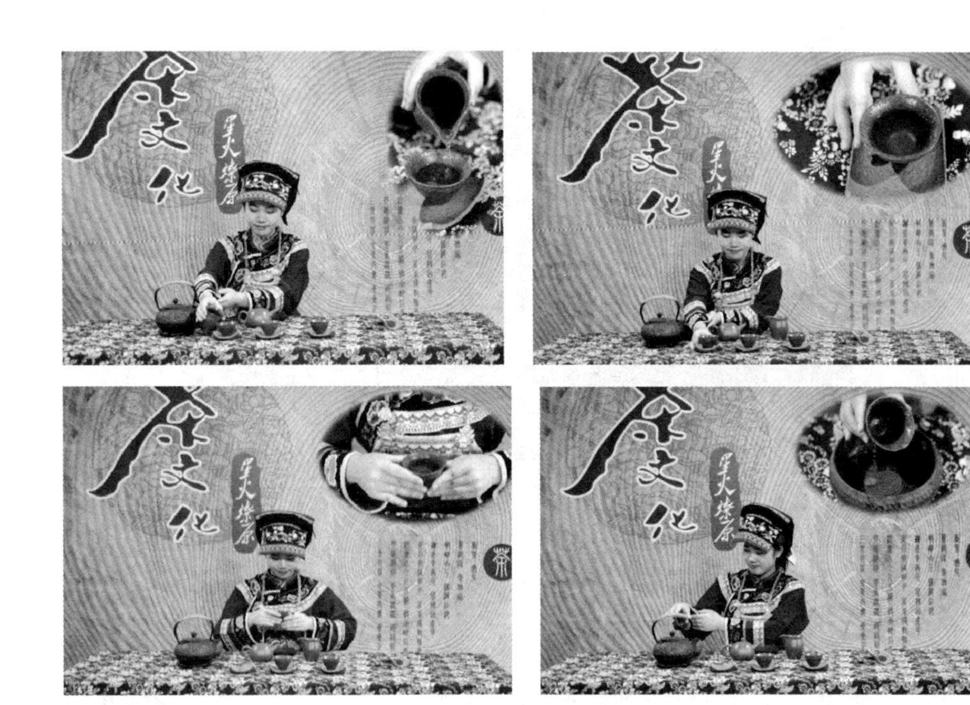

图 9-16　洗　杯

（5）赏　茶

双手捧给来宾欣赏干茶外形、色泽及嗅闻干茶香，赏茶完毕茶荷放于左下方，以备投茶时用，意喻对客人的尊重（图 9-17）。

图 9-17　赏　茶

（6）投　茶

当着客人的面将干茶投入茶壶（图 9-18）。

图 9-18　投　茶

（7）煮　茶

布依“央哨儿”的壶泡法为“三煮三泡”。第一次倒入少量的水，将茶叶浸润展开；第二次倒比第一次较多的水，将茶味发出来；第三次倒入一定比例的水，将茶香沏出来（图 9-19）。

图 9-19　煮　茶

（8）分　茶

即把煮好的茶依次斟入茶杯中（图 9-20）。

图 9-20　分　茶

（9）敬　茶

应用右手持杯，左手扶右手肘，将茶杯举过头顶。布依姑娘比较害羞，敬茶时应低头侧脸奉茶，眼睛不可直视对方（图 9-21）。

图 9-21　敬　茶

（10）品　饮

先闻香，次观色，再品味，而后赏形（图 9-22）。

图 9-22　品　饮

（11）收　具

品茶结束，将泡茶用具收好，向客人行礼（图 9-23）。

图 9-23　谢　礼

3．茶艺鉴赏

（1）洗杯——龙泉涤凡尘

布依人认为水为万物之灵，因此把出水处称为龙泉、龙井、龙潭，他们认为龙泉水能洗去一切污渍，带来平安吉祥。

（2）赏茶——布依嘉木一枝独秀

布依“姑娘茶”形状像是巨大毛笔的笔头，又如一朵含苞待放的花蕾。该茶产自布依山寨乔木型大叶种茶，传说必须由少女采摘和制作。

（3）置茶——布依佳人入花房

又名“画眉入山”，当着客人的面将茶投入茶壶。

（4）洗茶——布谷鸟鸣春花开

洗茶时茶叶在水中徐徐舒展，意喻春暖花开，万物复苏。

（5）煮　茶

布依姑娘茶需三煮三泡。

传统的布依姑娘茶由三种颜色的丝线系扎，红色为少女所制，白色为已婚妇女所制，黑色为老年妇女所制，三种丝线分别代表着一系喜庆吉祥，二系家庭和睦，三系子孙满堂。

（6）分　茶

分茶按布依人家的族规，先客后主，将空碗杯摆放在客人面前（碗多用于喝布依蜂蜜米花茶）。

（7）敬　茶

敬茶由娜米提着茶壶走到客人面前，将泡好的“央哨几”倒入空杯中。瞬间杯中一泓春潮涌动，一股醉人的芳香飘出。随后一首古歌从门外寻香传来：“长在山里，死在锅里，埋在壶里，活在杯里。”

（8）谢客品饮

布依族的姑娘茶，茶浓情浓，回甘如蜜。

（二）水族茶礼

水族主要分布在贵州省三都、荔波、都匀、独山和广西的南丹、宜州、融水、环江、都安、河池等市县（自治县）。主要饮罐罐茶，其因用罐罐煮茶而得名。水族人每天都会喝了罐罐茶之后才去干活，他们认为罐罐茶有“提精神、助消化、驱病魔、利长生”的作用。

1．茶具选配（表 9-3）

表 9-3　茶艺使用设备及器具清单

名　称	材料质地	备　注
茶艺桌	木制	120 cm×60 cm×65 cm
茶艺凳	木制	40 cm×30 cm×40 cm
火炉	铁质	也可用烤茶专用炉
烧水壶	铜制	1000～1200 mL
奉茶盘	竹木制品	27 cm×13 cm×2 cm
公道杯	陶瓷制品	20 cm×25 cm×30 cm
小圆砂罐	陶制品	容量 100～150 mL

续表

名　称	材料质地	备　注
茶匙	竹木制品	长 16.5 cm
茶匙架	木制	长 4 cm
茶叶罐	陶瓷制品	直径 7.5 cm，高 11 cm
杯托	竹木制品	3 只（直径 10 ~ 12 cm）
茶荷	竹制品或金属	6.5 ~ 12 cm
茶碗	陶、瓷制品	50 mL
茶巾	棉、麻织品	约 30 cm×30 cm

2．茶艺流程

（1）备　具

① 主器具：小圆砂罐、火炉、3 只品茗杯。

② 备水器：随手泡。

③ 辅助器：奉茶盘，茶样罐、茶荷、茶匙、茶巾、水盂、茶匙、茶匙架等。

（2）布　席

茶荷茶匙放左上方，茶水壶右上方，水盂手右手边。器具摆放如图 9-24 所示。

图 9-24　布　席

注：布席中茶具的摆放原则遵循干湿分区，可根据个人习惯或操作方便选择水壶、水盂在左或者在右。

（3）行　礼

坐式鞠躬，行礼时上半身与地面呈一定角度（图 9-25）。

图 9-25　行　礼

（4）热　罐

把火生旺后将粗陶罐放在小炉上加热（图 9-26）。

图 9-26　热　罐

（5）洗　杯

将随手泡中烧开的水，冲入罐中旋转洗烫倒入公道杯中，再将水倒入品茗杯中，最后倾倒于水盂里（图 9-27）。

（6）投　茶

投入茶叶（图 9-28）。

图 9-27　洗　杯

图 9-28　投　茶

（7）加　水

将茶罐加满热水（图 9-29）。

图 9-29　注　水

（8）煎　煮

煮水烹茶煮茶，并用木茶匙在茶罐里搅拌翻动茶叶，使其不溢出茶罐（图 9-30）。

图 9-30　煎　煮

（9）出　茶

将茶罐里的一些茶汁倒在自己的茶杯里（图 9-31）。

图 9-31　出　茶

（10）兑　水

再兑入一些清水，继续煮茶（图 9-32）。

图 9-32　兑　水

（11）回　茶

将第一泡倒出来的茶汁重新倒回罐里熬煮（图 9-33）。

图 9-33　回　茶

（12）盛　汤

将公道杯中的茶汤倒入品茗杯中（图 9-34）。

图 9-34　盛　汤

（13）敬　茶

双手端起奉茶盘，将茶奉给客人（图 9-35）。

图 9-35　敬　茶

（14）对　饮

宾主举杯对饮煮好的罐罐茶（图 9-36）。

图 9-36　对　饮

（15）谢　礼

品茶结束，将泡茶用具收好，向客人行礼（图 9-37）。

图 9-37　谢　礼

3．茶艺欣赏

（1）旺火热罐

饮罐罐茶是水族的迎客礼仪，客人来到家里，水族姑娘架火烧水，给客人发一个茶罐和茶杯，宾主开始自煮自饮罐罐茶。

（2）云烟袅袅

少许热水冲入火热的茶罐中，随着“吱”的一声，一缕青烟袅袅升起，热气腾腾，好似云雾缭绕。

（3）佳茗自如

水族罐罐茶的茶叶常用自制炒青绿茶。待客时，宾主按照个人饮茶的习惯用量将茶叶投入各自茶罐之中。

（4）热水盈盈

罐罐茶的茶罐比较小，犹如一个缩小了的粗陶坛子，水族人认为用这样的小陶罐煮茶不走茶气，能保香保味。制作时先加一点水润茶，再加满水煨茶，这样制作的罐罐茶才好喝。

（5）煨茶酽酽

罐罐茶熬煮的时间比较长，茶汁能充分浸出，因而茶汤甚浓，香香酽酽。

（6）分盛茶汁

这是饮茶古老习俗的遗风，如同茶圣陆羽《茶经》煎茶煮水中在一沸水时舀出一瓢放到一边待用的方法一样，可以说是其煮茶法的延续。

（7）兑水添香

这样兑兑熬熬，熬熬兑兑，茶汁不断熬煮，满室散发出诱人的茶香。

（8）玉液回罐

罐罐茶熬煮的时间较长，夏秋天喝茶，提神消食；冬天守着火炉驱寒御冷，宾主之间拉着家常，煮着茶，其乐融融。这是水族古今相沿的独特茶俗。

（9）宾主对饮

喝罐罐茶是水族最有特色的茶俗，有客人进家门，敬上一道罐罐茶，代表着宾主最诚挚的友谊。

（三）侗族打油茶

居住在云南、贵州、湖南、广西毗邻地区的侗族、瑶族和这一地区的其他兄弟民族，他们世代相处，十分好客，相互之间虽习俗有别，但却都喜欢喝油茶。因此，凡在喜庆佳节，或亲朋贵客上门，总喜欢用做法讲究、佐料精选的油茶款待客人。

“打油茶”的用具很简单，有一个炒锅，一把竹篾编制的茶滤，一只汤勺。用料一般有茶油、茶叶、阴米（糯米蒸后散开再晒干）、花生仁、黄豆和葱花，还备有糯米汤圆、白糍粑、虾仁、鱼仔、猪肝、粉肠等。待用料配齐后，就可架锅生火“打”油茶了。打油茶一般经过四道程序。

1．茶具选配（表 9-4）

表 9-4 茶艺使用设备及器具清单

名 称	材料质地	备 注
茶艺桌	木制	120 cm×60 cm×65 cm
茶艺凳	木制	40 cm×30 cm×40 cm
火炉	铁质	也可用烤茶专用炉
烧水壶	铜制	1000 ~ 1200 mL
奉茶盘	竹木制品	27 cm×13 cm×2 cm
公道杯	陶瓷制品	20 cm×25 cm×30 cm
茶滤	竹制品	3 ~ 4 只（容量 100 ~ 150 mL）
杯托	竹木制品	3 只（直径 10 ~ 12 cm）
茶匙	竹木制品	长 16.5 cm
茶匙架	木制	长 4 cm
茶叶罐	陶瓷制品	直径 7.5 cm，高 11 cm
茶荷	竹制品或金属	6.5 ~ 12 cm
大茶碗	竹木制品	200 mL
茶巾	棉、麻织品	约 30 cm×30 cm
小茶碗	陶瓷制品	50 mL

2．茶艺流程

（1）备 器

① 主泡器：茶壶、大茶碗、小茶碗。

② 备水器：随手泡。

③ 辅助器：奉茶盘，茶样罐、茶荷、茶匙、茶巾、水盂、茶匙、茶匙架、火炉等。

（2）布 席

茶荷茶匙放左上方，茶水壶右上方，水盂手左手边。器具摆放如图 9-38 所示。

图 9-38 布 席

注：布席中茶具的摆放原则遵循干湿分区，可根据个人习惯或操作方便选择水壶、水盂在左或者在右。

（3）行 礼

坐式鞠躬，行礼时上半身与地面呈一定角度（图 9-39）。

图 9-39 行 礼

（4）选　茶

通常有两种茶可供选用，一是经专门烘炒的末茶；二是刚从茶树上采下的幼嫩新梢，这可根据各人口味而定。

（5）选　料

打油茶用料通常有阴米、花生米、玉米花、黄豆、芝麻糯米粑粑、笋干等，应预先制作好待用。

（6）温　碗

将随手泡中烧开的水，冲入壶中旋转洗烫，再将水倒入公道杯，最后倾倒于水盂里（图 9-40）。

图 9-40　温　碗

（7）赏　茶

双手捧给来宾欣赏干茶外形、色泽及嗅闻干茶香，赏茶完毕茶荷放于左下方，以备投茶时用，意喻对客人的尊重（图 9-41）。

图 9-41　赏　茶

（8）投　茶

当着客人的面将干茶投入茶壶（图 9-42）。

图 9-42　投　茶

（9）注　水

将水注入壶中，冲泡茶叶（图 9-43）。

图 9-43　注　水

（10）分　茶

即把煮好的茶依次斟入茶杯中（图 9-44、图 9-45）。

图 9-44　放米花

图 9-45　冲油茶

（11）奉　茶

双手端起碗，奉茶给客人（图 9-46）。

图 9-46　奉　茶

（12）品　茗

先闻香，次观色，再品味，而后赏形（图 9-47）。

图 9-47　品　茗

（13）谢　礼

品茶结束，将泡茶用具收好，向客人行礼（图 9-48）。

图 9-48　谢　礼

3．茶艺鉴赏

（1）备具迎宾

侗族人热情好客，有贵宾登门必定用“打油茶”款待，“打”，即“做”的意思。

（2）点茶备料

“点茶”选择所要用的茶，摘取茶树嫩新梢，蒸青晒干，压成茶饼布包挂于房梁上，并绣上花样。阴米，糯米蒸熟晾干，茶油炸制而成，香软酥脆。

（3）井水煮茶

侗族婚俗中新娶进门的媳妇，清晨第一件事是为夫家挑一旦井水，便意味着是夫家的人了，取井水煮茶表达了对宾客的尊敬。

（4）冲油茶

准备好阴米放入茶碗中，冲入滚烫的茶汤，芳香扑鼻。

（5）敬　茶

侗家人向客人敬茶是先敬长者或上宾，然后再依次敬茶。敬茶时要连同筷子一并双手递给客人，并连声说：“记协、记协”（请用茶、请用茶），客人也必须双手接碗，并欠身含笑，点头称谢。

（6）吃　茶

“三碗不见外”，在侗家人吃油茶，一般不得少于三碗，若未到三碗则有看不起主人之嫌；吃完一碗后应大大方方地把空碗递给主人，主人会马上再为你添上，三碗以后你若吃饱了，则只要把筷子架在碗上或将筷子连同碗一起递给主人，主人就不再为你斟茶了。

（7）谢　茶

油茶是他们日常生活的必需品，能够御寒防病，不仅是他们割舍不了的美味，也成为迎宾送客的特色饮食之一，一碗油茶是侗家人最美的祝福，以茶为友，幸福安康。

（四）苗族八宝茶

八宝油茶是由八种左右的原料配置而成，以茶叶为主，玉米、黄豆、花生、豆腐干、粉条、茶油、花椒、生姜等材料拌在一起，炒熟加水煮泡而成；居住在湖南、湖北和贵州等地苗家人常用八宝油茶接待贵宾。

1．茶具选配（表 9-5）

表 9-5　茶艺使用设备及器具清单

名　称	材料质地	备　注
茶艺桌	木制	120 cm×60 cm×65 cm
茶艺凳	木制	40 cm×30 cm×40 cm
火炉	铁质	也可用烤茶专用炉
烧水壶	铜制	1000～1200 mL
奉茶盘	竹木制品	27 cm×13 cm×2 cm
茶滤	竹制品	3～4 只（容量 100～150 mL）
杯托	竹木制品	3 只（直径 10～12 cm）
茶匙	竹木制品	长 16.5 cm
茶匙架	木制	长 4 cm
茶叶罐	陶瓷制品	直径 7.5 cm，高 11 cm
茶荷	竹制品或金属	6.5～12 cm
大茶碗	竹制或陶瓷制品	200 mL
茶巾	棉、麻织品	约 30 cm×30 cm
大茶碗	竹木制	500 mL

2．茶艺流程

（1）备　具

① 主要器具：茶盘、茶碗；

② 备水器具：烧水壶；

③ 辅助器具：茶滤、茶匙架、茶匙、茶荷、茶巾等。

（2）布　席

以苗族蜡染、织锦或刺绣设置为茶席桌布，主要以蓝色为主。器具摆放如图 9-49 所示。

图 9-49　布　席

注：布席中茶具的摆放原则遵循干湿分区，可根据个人习惯或操作方便选择水壶、水盂在左或者在右。

（3）行　礼

行礼时上半身与地面呈一定角度（图 9-50）。

图 9-50　行　礼

（4）备料（图 9-51）

① 阴米，由糯米蒸熟晾干油炸制成；

② 阴玉米，煮熟晾干油炸制成；
③ 茶、大豆、花生、豆腐干丁、粉条（油炸）、芝麻；
④ 其他配料：姜、盐、大蒜、油。

图 9-51　备　料

（5）炸茶煮汤

将锅中茶叶煮沸，初沸时加入冷水少许（图 9-52、图 9-53）。

图 9-52 炸 茶

图 9-53 煮 茶

注：待锅内油冒烟才可放入茶叶、花椒翻炒，待茶叶叶色转黄发出焦香时，即可注水入锅。

（6）加　料

茶汤再沸时，加入大蒜少许、食盐适量，用勺搅拌均匀，依次加入大豆、花生、豆腐干丁、阴米、阴玉米、粉条等（图 9-54）。

图 9-54　加　料

（7）调　和

茶汤再沸时，将加料后的茶汤倒入盛有米花的碗中（图 9-55）。

图 9-55　调　和

（8）分　茶

煮好后，用汤勺依次舀入茶碗中，至八分满（图 9-56）。

图 9-56　分　茶

（9）奉　茶

双手端着奉茶盘，彬彬有礼地端到客人面前，敬奉客人八宝茶（图 9-57）。

图 9-57　奉　茶

（10）品　茗

端起茶碗，小口啜饮（图 9-58）。

图 9-58　品　茗

（11）谢　礼

行礼收具（图 9-59）。

图 9-59　谢　礼

3．茶艺鉴赏

（1）备具迎宾

恭迎贵客，准备茶具。贵客进门，一面立马托人邀请寨中长老前来陪客，一面清洗茶具。一时间杯盘叮当，迎宾之喜、待客之殷，尽在这杯盘清脆的声响中，颇有“问答未及已，儿女罗酒浆”的韵味。

（2）八宝现身

请大家欣赏所用的原料，它们由阴米、阴玉米、茶叶、粉条、黄豆、花生、芝麻、豆腐干共 8 种配料组成，每种配料都已经过不同的方法精心加工。

（3）烹煮八宝茶

现在我们将开水注入锅中，放入种配料混合，散发着扑鼻的香气锅“水乳交融”、香喷喷的八宝茶制作好了。

（4）香茶敬客

用木勺将八宝茶分斟到茶碗里，并按照长幼顺序依次敬奉给客人。“八宝茶”营养丰富，味美香浓，既可食用，又可饮用，奉献给客人，以表达苗族人的深情厚谊。

（5）品味香浓

喝一口八宝茶，花生芝麻的浓香，茶的清香让人心旷神怡，苦中带甜的滋味叫人口舌生津，余味无穷。

【思考与讨论】

煎煮茶与泡清茶各有什么特点，分别适用于什么茶类，为什么？

【课外阅读资料】

一、茶艺礼仪

（一）礼仪概述

1．含　义

茶礼有缘，古已有之。

茶礼，既可以指茶的礼仪，也可以指茶的礼品，是古代的传统习俗。茶艺礼仪是为表示礼貌和尊重所采取的与茶艺内涵相协调的行为、语言的规范。茶艺中的礼仪要求茶艺活动的参与者讲究仪容仪态，注重整体仪表的美。

2．原　则

茶礼的载体是茶事活动的全体人员，其中心是人，目的是以茶为媒、以茶事为契机，沟通思想、交流感情。茶礼的核心是互相尊重、互相谦让。与茶礼紧密相连的茶艺，其中心是茶（从干茶到茶汤到焕发为茶人的茶情等），首要目的是养生，主要要求茶人对茶理的通晓。茶情则依赖于饮者们各自的艺术修养。

3．礼仪的重要性

《论语》孔子：“不学礼，无以立”“安上治民，莫善于礼，移风易俗，莫善于乐”。

茶礼是人伦之礼，茶道是人伦之道。茶道人道，茶道仁道。人通茶礼是要道，茶礼是社会礼仪的一部分，具有一定的稳定社会秩序、协调人际关系的功能。

“茶礼”是茶事引导和茶道思想体现的方法之一，是维护茶室相关人员之间交流沟通的各种礼节仪式的总和。作为茶事的制度与规范，它需要茶事活动全体人员共同实施、维护。

（二）基本礼仪

1．仪容规范

仪容，通常指人的外观、外貌，其中的重点是指人的容貌，要求仪容自然美、修饰美、内在美三者结合。自然美是人们的心愿，清代孙枝蔚在《览古》中有："君子贵立身，仪容安足夸"；内在美是最高的境界；修饰美则是仪容礼仪关注的重点，其基本规则是美观、整洁、卫生、得体，通常从面容、头发、化妆、手型等方面做起。

（1）面　容

仪容在很大程度上指人的面容，要求清新健康，平和放松，微笑，不化浓妆，不喷香水。修饰面容主要包括：眼部、耳朵、鼻子、嘴巴、脖颈的保洁，做到面洁净，无汗渍、无油污、无任何不洁物。

（2）发　型

茶艺具有厚重的传统文化因素，在茶艺表演中发型大多应具传统、民俗与自然的特点。发型原则上要适合自己的脸型和气质，给人整洁、大方的舒适感。头发不论长短，都要按泡茶时的要求进行梳理，不可挡住视线，长发需盘起。

（3）手　型

优美的手型，不戴手饰，手指干净，指甲无污物，洗手液不能有味道，不涂指甲。

① 女士：纤小结实。

② 男士：浑厚有力。

（4）服　饰

服饰合体便于泡茶，款式可选择富有中国特色的服装。要求淡雅、清新，中式为宜，袖口不宜过宽，服装和茶艺表演内容相配套。泡茶时一般不佩戴饰物，少数民族可佩戴民族饰品，以不影响泡茶为准。仪表整洁，举止端庄，要与环境、茶具相契合，言谈得体，彬彬有礼，体现出内在文化素养。

（5）化　妆

化淡妆，切忌浓妆艳抹。为避免影响茶香，破坏了品茶时的感觉，化妆品应选用无香品系。

（6）语　言

俗话说："好语一句三冬暖，恶语一句三伏寒"。

语言规范：待客有五声。① 客来问候声；② 落座有招呼声；③ 致谢声；④ 致歉声；⑤ 客走道别声。

多用敬语、谦让语、郑重语，杜绝四语：蔑视语（不尊重客人）、烦躁语、不文明的口头语、自以为是为难他人的斗气语。

2．仪态规范

仪态是指人们在行为中的姿态和风度。姿态是身体呈现的状态，风度是内在气质的外化。基本仪态包括站、坐、行等。我国传统上对基本姿态有"站如松，坐如钟，行如风"的要求。虽然现代的礼仪姿态由西方传入，但其所要体现出来的精神面貌仍是不变的。

（1）站姿的要求

"站如松"，站时像挺拔于山间的松树，堂堂正正，坚固稳定，自有其威势。茶艺师经常用到的站姿有以下几种：

① 规范站姿（图 9-60）

站立时两腿直立贴紧，双脚并拢略开外八，身体挺直，挺胸收腹，双肩平正放松，头正直向上，双眼平视前方。站时双手可以自然下垂，放在身体两侧，如立正姿态。

图 9-60　规范站姿

② 叉手站姿（图 9-61）

女士右手在上，男士则左手在上，双手在腹前交叉，男士双脚可以分开，距离不超过 20 cm。女士站立时是小丁字步，一脚向侧前方伸出约 1/3 只脚的距离。

图 9-61　叉手站姿

③ 背垂手站姿（图 9-62）

一手放在背后，贴近臀部，另一手自然下垂，双脚可以并拢也可以分开。此类站姿为男士多用。

站立时双手不要放进衣兜或裤兜里，双腿不要抖动，身体不要靠着柱子、墙等物体，手不要撑在桌子上。

图 9-62　背垂手站姿

（2）坐姿的要求

“坐如钟”，坐时像大铜钟一样四平八稳，心态平和，精神饱满。茶艺师常用坐姿如下：

① 标准坐姿（图 9-63）

坐在椅上的 1/3 处，双脚并拢，小腿垂直地面，两脚保持小丁字步，上身挺直，肩膀放松，下颌微收，目视前方，面部表情自然；女士双手交叉，可以放在腿上，或者放于小腹之前；入座前，如果是穿裙装，坐下之前先拢裙摆再坐下，起身时，右脚要向后收半步再起立。

图 9-63　坐　姿

② 前伸式坐姿（图 9-64）

在标准坐姿的基础上，小腿向前方伸出一脚的距离，但不要将脚尖跷起。

③ 点式坐姿（图 9-65）

在标准坐姿的基础上，两小腿向一侧斜出，大腿与小腿直接的角度为 90°。男士的坐姿应上身正直上挺，双肩平正，双手分开放于双腿上。两腿可以分开，也可以并拢。坐时不可以跷二郎腿，双脚不要抖动。

图 9-64 前伸式坐姿

图 9-65 点式坐姿

（3）行姿的要求

“行如风”，行走时如风一样轻盈灵动，不拖拉，给人以自信的感觉。

① 标准行姿：以站姿为基础，走动时两脚微外八，双手前后自然摆动，身体不要摇摆。行走时脚跟先着地，直线前进。走时体态轻盈，步速平稳，有节奏感，不能拖脚。

② 变向行姿：当行走时要改变方向时，需要采用一定的方法进行转向。

③ 后退步：与人告别时不要一下子扭头就走，要先退后两步再侧身转弯离开。

④ 引导步：当给宾客带路时，不要走在宾客前面，应该在宾客的左侧前方，身体半转向宾客，保持两步的距离；当遇到楼梯，进门时，要伸出左手示意宾客。

⑤ 穿不同鞋子的行姿：穿平底鞋走路比较平稳、自然，但要避免走路时过于随意；穿着高跟鞋行走时膝关节要绷紧，步幅要小，脚跟先着地，两脚尽量落在一条直线上面。

（4）跪姿（图 9-66）

跪姿是中国古代，现在的日本和韩国常见的一种姿态。下坐时双腿并拢下跪，臀部坐在双脚的踝关节处，脚踝自然向两边分开，其他动作与坐姿相同。刚开始练习这个坐姿时，踝关节会十分疼痛，双脚有麻痹感，因此要多锻炼踝关节。

图 9-66 跪 姿

（5）蹲　姿

蹲姿在工作和生活中用得相对不多，人们在拿取低处的物品或拾起落在地上的东西时，使用下蹲和屈膝的动作，这样可以避免弯曲上身和撅起臀部。优雅蹲姿的基本要领是：屈膝并腿，臀部向下，上身挺直。其姿势主要有：

① 高低式蹲姿（图 9-67）

下蹲时，双腿不要并排在一起，而是左脚在前，右脚稍后。左脚应完全着地，小腿基本上垂直于地面，右脚则应脚掌着地，脚跟提起。此刻右膝低于左膝，右膝内侧可靠于左小腿的内侧，形成左膝高右膝低的姿态。臀部向下，基本上用右腿支撑身体。

图 9-67　高低式蹲姿

② 交叉式蹲姿（图 9-68）

蹲时，右脚在前，左脚在后，右小腿垂直于地面，全脚着地，右腿在上，左腿在下，二者交叉重叠；左膝由后下方伸向右侧，左脚跟抬起，并且脚掌着地，两脚前后靠近，合力支撑身体，上身略向前倾，臀部朝下。

图 9-68　交叉式蹲姿

（6）转身（图 9-69）

转身时，向右转则右脚先行，反之亦然。到达来宾前为侧身状态，需转身正对来宾，离开客人时应先退后两步再侧身转弯。回应别人的呼唤，要转动腰部，脖子转回并身体随转，上身侧面，而头部完全正对并微笑正视他人。

图 9-69　转　身

（7）落　座

入座讲究动作的轻、缓、紧，即入座时要轻稳。走到座位前自然转身后退，轻稳地坐下，落座声音要轻，动作要协调柔和，腰部、腿部肌肉紧张感。女士穿裙装落座时，应将裙摆向前收拢再坐下。起立时，右脚退后半步，而后站起。

（8）表　情

修习茶艺要保持恬淡、宁静、端庄的表情。一个人的眼睛、眉毛、嘴巴和面部表情，肌肉的变化，能体现一个人的内心，能对人的语言起着解释、纠正和强化的作用。茶道中要求表情要自然、典雅、庄重，眼睑和眉毛要保持自然舒展。

（三）寓意礼仪

寓意礼，表示美好寓意的礼仪。常见的有：

1. 凤凰三点头

一手提壶，一手按住壶盖，壶嘴靠近容器口时开始冲水并手腕向上提拉水壶，再向下回到容器口附近，动作过程要保证水流流利优美，水流如“酿泉泄出于两峰之间”，这样反复高冲低斟三次，寓意向来宾鞠躬三次，表示欢迎。

2. 回旋注水

在进行一些回旋动作，如注水、温杯的时候，手的旋转方向应该向内，即左手顺时针，右手逆时针。这个动作寓意欢迎宾客；如果反方向，则有驱赶宾客离去之意。

3. 茶壶放置

壶嘴正对他人，表示请人快点离开，因此壶嘴通常朝向正前方 45°。

字的方向：如果茶盘，茶巾等物品上面有字，那么字的方向要朝向客人，表示对客人的尊重。

4．斟茶量

倒茶应倒七分满，正所谓“七分茶三分情”。俗话说：“茶满欺客”，茶满了容易烫手，不利于品饮。

（四）奉茶礼仪

奉茶礼（敬茶、献茶、上茶）。奉茶的一般程序是摆茶，托盘，行礼，敬茶，收盘等，奉茶时一定要用双手将茶端给对方以示尊重，并用伸掌表示“请”。有杯柄的茶杯在奉茶时要将杯柄放置在客人的右手面。所敬茶点要考虑取食方便，一般放在客人右前方，茶杯则在茶点右方。奉茶的顺序是长者优先，或者按照中、左、右的顺序进行。

（五）鞠躬礼仪

鞠躬礼是指弯曲身体向尊贵者表示敬重之意，是在茶艺中常用的礼节。通常有站式、坐式和跪式三种。根据鞠躬的弯腰程度可分为：“真礼”“行礼”“草礼”三种。

1．站式鞠躬

以站姿为预备，两手平贴大腿徐徐下滑，上半身平直弯腰后略做停顿，表示对对方真诚的敬意，再慢慢直起上身，恢复原来的站姿。“真礼”要求行 90° 的弓形；“行礼”仅双手延至大腿中部即可，头、背与腿约呈 120° 的弓形；“草礼”只需将身体向前稍做倾斜，头、背与腿部呈 150° 的弓形（图 9-70）。

（a）站式鞠躬

（b）站式鞠躬草礼

（c）站式鞠躬行礼

（d）站式鞠躬真礼

图 9-70　站式鞠躬

2．坐式鞠躬

以坐姿为准备，弯腰后恢复坐姿。其他要求同站式鞠躬（图 9-71）。

（a）坐式鞠躬

（b）坐式鞠躬草礼

（c）坐式鞠躬行礼

（d）坐式鞠躬真礼

图 9-71　坐式鞠躬

3．跪式鞠躬

“真礼”以跪坐式为准备，背颈部保持平直，上半身向前倾斜，同时双手从膝盖上渐渐滑下，全手掌着地，两手指尖斜相对，身体倾至胸部与膝盖间只留一个拳头的空当，身体约呈 45° 前倾，稍停顿后慢慢起身；“行礼”方法与“真礼”相似，但两手仅前半掌着地，身体约前倾呈 55°；行“草礼”时仅两手手指着地，身体约呈 65° 前倾（图 9-72）。

（a）跪式鞠躬

（b）跪式鞠躬草礼

（c）跪式鞠躬行礼

（d）跪式鞠躬真礼

图 9-72 跪式鞠躬

（六）叩手礼仪

对于喝茶的客人，在奉茶之时，应以礼还礼，除双手接过或点头表示感谢，还有一种叫叩手礼，拇指、中指、食指稍微靠拢，在桌子上轻叩数下，以表感谢之意。此礼法相传是乾隆微服巡游江南时，自己扮作仆人，给手下之人倒茶。皇帝给臣下倒茶，如此大礼臣下要行跪礼叩头才是，但此时正是微服私访，不可以暴露皇帝身份。于是有人灵机一动，以手指在桌上轻叩，“手”与“首”同音，三指并拢意寓“三跪”，手指轻叩桌面意寓“九叩”，合起来就是给皇帝行三跪九叩的大礼，以表感恩之意。

（七）礼仪禁忌

各个民族、国家都有一定的礼仪禁忌，茶艺师在接待不同民族、国籍的客人时，要注意这些礼仪禁忌，以免出现不必要的误会。在这里举一些例子。

1. 颜色禁忌

在我国，传统上认为白色是不吉利的；埃及、比利时人忌蓝色；日本人认为绿色是不祥的颜色；西方人忌讳黑色和棕色；蒙古和俄国人十分讨厌黑色；巴西人认为棕黄色类似于落叶，是不好的征兆，而紫色是悲哀的颜色；叙利亚和埃塞俄比亚人忌用黄色，认为黄色代表死亡。

2. 数字禁忌

在中国、韩国和日本，“4”都是不吉利的数字；西方人和基督教徒认为“13”是十分不吉利的数字，因为耶稣就是被第十三个门徒给出卖的；“13 号星期五”在中东和西方国家，被认为是十分凶险的一个日子；泰语中“6”是“不好”的意思，因此在泰国认为是不吉利的数字。

3. 花卉禁忌

菊花：在欧洲，菊花被认为是墓地之花，忌用菊花送礼；日本人忌用菊花作为室内装饰物。在国际交际场合忌用菊花、杜鹃花、石竹花、黄色的花献给客人，已成为惯例。

4．举止禁忌

中东地区忌用左手传递东西；在伊朗翘起大拇指是一种侮辱。

5．图案禁忌

英国大象代表蠢笨，是禁用的图案；欧洲国家认为蝙蝠是凶煞神，而在我国是吉祥图案；日本认为狐狸和獾是贪婪狡诈的象征；北非一些国家禁用狗的图案，但在欧美视狗为忠诚的伴侣；伊斯兰教盛行的国家、地区禁用猪的图案。

（八）商务礼仪

1．商务乘车礼仪

商务乘车礼仪分为小轿车商务乘车礼仪、吉普车商务乘车礼仪、旅行车商务乘车礼仪。

（1）小轿车

小轿车的座位，如有司机驾驶时，以后排右侧为首位，左侧次之，中间座位再次之，前坐右侧殿后，前排中间为末席；如果由主人亲自驾驶，以驾驶座右侧为首位，后排右侧次之，左侧再次之，而后排中间座为末席，前排中间座则不宜再安排客人；主人亲自驾车，坐客只有一人，应坐在主人旁边，若同坐多人，中途坐前座的客人下车后，在后面坐的客人应改坐前座，此项礼节最易疏忽（图 9-73）。

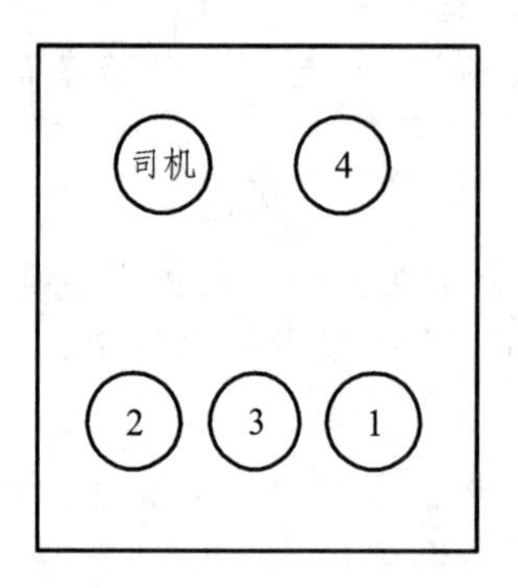

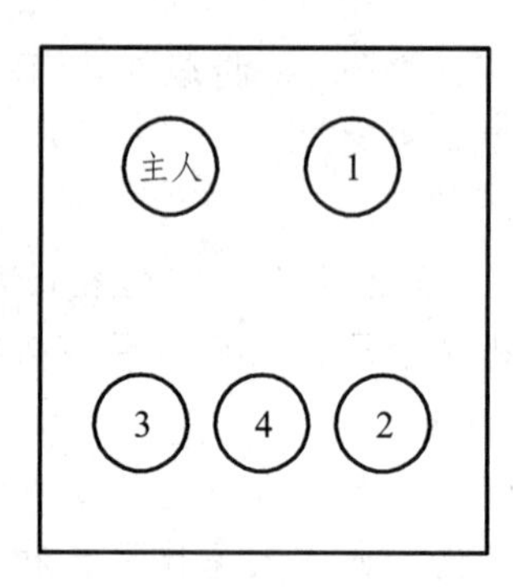

图 9-73　小轿车座次

女士登车不要一只脚先踏入车内，也不要爬进车里。需先站在座位边上，把身体降低，让臀部坐到座位上，再将双腿一起收进车里，双膝一定保持合并的姿势。

（2）吉普车

吉普车无论是主人驾驶还是司机驾驶，都应以前排右座位为尊，后排右侧次之，后排左侧为末席。上车时，后排位低者先上车，前排尊者后上。下车时前排客人先下，后排客人次之（图 9-74）。

（3）旅行车

我们在接待团体客人时，多采用旅行车接送客人。旅行车以司机座后第一排，即前排为尊，后排依次为小。其座位的尊卑，依每排右侧往左侧递减（图 9-75）。

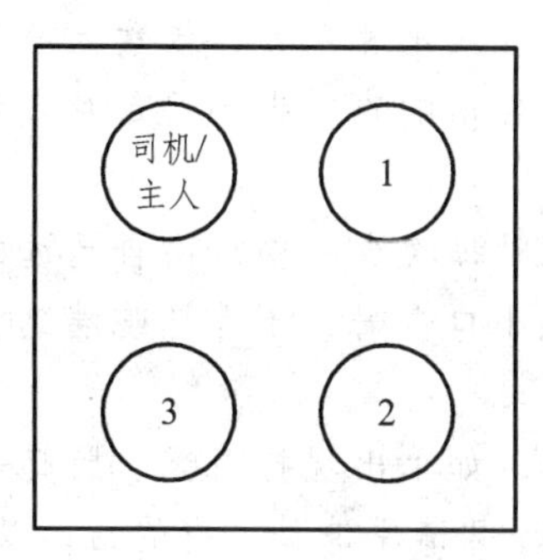

图 9-74 吉普车座次

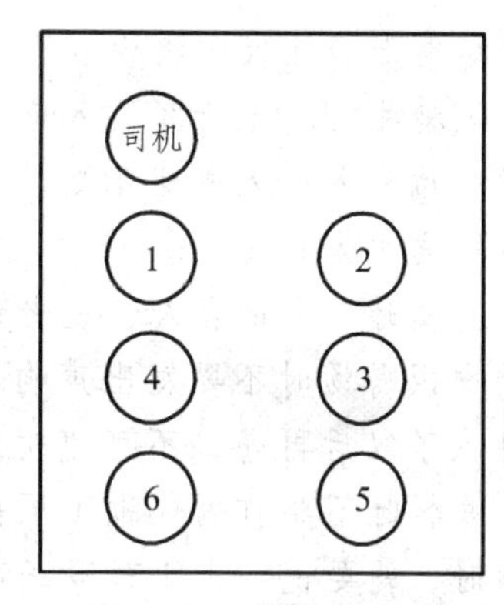

图 9-75 旅行车座次

2．餐桌礼仪

餐桌礼仪是指在吃饭用餐时在餐桌上的礼仪常识。从古到今，因桌具的演变，所以座位的排法也相应变化。总的来说，座次是“尚左尊东”“面朝大门为尊”。家宴首席为辈分最高的长者，末席为最低者。家庭宴请，首席为地位最尊贵的客人，主人则居末席。首席未落座，其余都不能落座，首席未动手，大家都不能动手（图 9-76）。

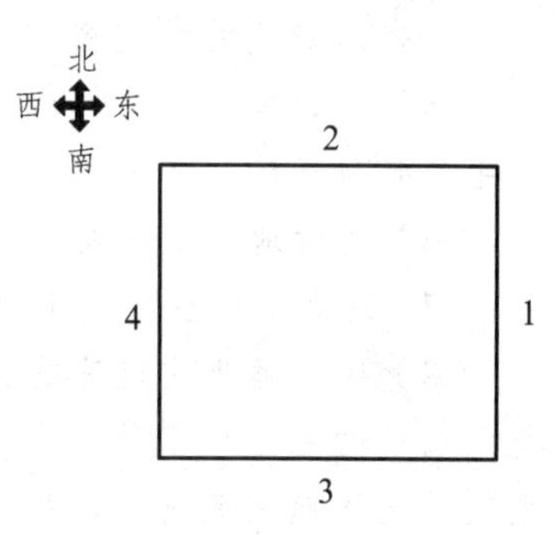

图 9-76 方桌礼仪

巡酒时自首席按顺序一路敬酒。若是圆桌，则正对大门的为主客，左手边依次为 2、4、6……右手边依次为 3、5、7……直至汇合；若为八仙桌，如果有正对大门的座位，则正对大门一侧的右位为主客，如果不正对大门，则面东的一侧右席为首席。然后首席的左手边坐开去为 2、4、6、8，右手边为 3、5、7；如果为大宴，桌与桌间的排列讲究首席居前居中，左边依次 2、4、6 席，右边为 3、5、7 席，根据主客身份、地位，亲疏分坐（图 9-77、图 9-78）。

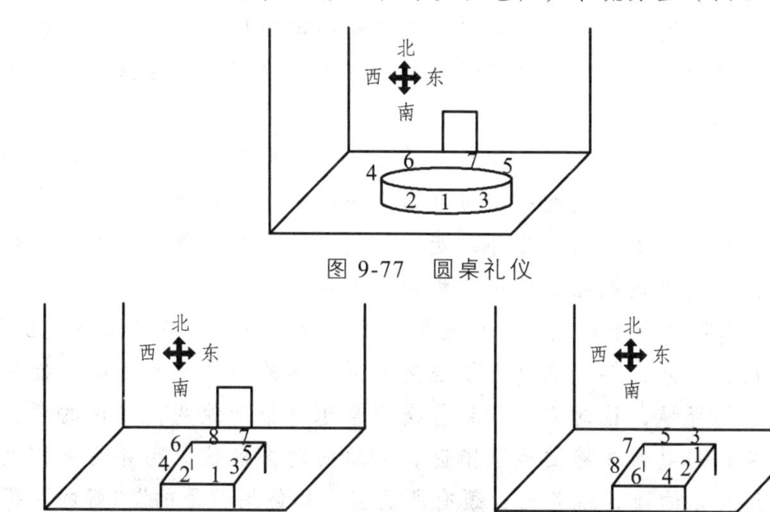

图 9-77 圆桌礼仪

图 9-78 八仙桌礼仪

中国餐桌上的礼仪归结为以下几点：

（1）入座礼仪。先请客人入座上席，再请长者入座客人旁，依次入座，入座时要从椅子左边进入；入座后不要动筷子，更不要弄出响声，也不要起身走动，如果有什么事要向主人打招呼。

（2）进餐时，先请客人、长者动筷子，夹菜时每次少一些，离自己远的菜就少吃一些，吃饭喝汤时不要发出声响，喝汤用汤匙小口慢喝，不宜把碗端到嘴边喝，汤太烫时凉了以后再喝，不可边吹边喝。

（3）进餐时不要打嗝，也不要出现其他声音，如果出现打喷嚏、肠鸣等不由自主的声响时，就要说一声“真不好意思”“对不起”“请原谅”之类的话，以示歉意。

（4）如果要给客人或长辈布菜，最好用公筷，也可以把距离客人或长辈远的菜肴送到他们跟前。按中华民族的习惯，菜是一个一个往上端的，如果同桌有领导、老人、客人的话，每当上来一个新菜时就请他们先动筷子，或者轮流请他们先动筷子，以表示对他们的重视。

（5）吃到鱼头、鱼刺、骨头等物时，不要往外面吐，也不要往地上扔。要慢慢用手拿到自己的碟子里，或放在紧靠自己餐桌边或放在事先准备好的纸上。

（6）适时地抽空和左右的人聊几句风趣的话，以调节气氛，切记贪杯。

（7）最好不要在餐桌上剔牙，如果要剔牙时，就要用餐巾或手挡住自己的嘴巴。

（8）要明确此次进餐的主要任务，是以谈生意为主，还是以联络感情为主，或是以吃饭为主。如果是前者，在安排座位时就要注意，把主要谈判人的座位相互靠近便于交谈或交流情感；如果是后两者，只需要注意一下常识性的礼节就行了，把重点放在欣赏菜肴上。

（9）最后离席时，必须向主人表示感谢，或者在此时邀请主人以后到自己家做客，以示回敬。

3．电话礼仪

接听电话不可太随便，应讲究必要的礼仪和一定的技巧，以免横生误会。无论是打电话还是接电话，我们都应做到语调热情、大方自然、声量适中、表达清楚、简明扼要、文明礼貌。

接听电话前：准备记录工具，如笔和纸、手机、电脑等。停止一切不必要的动作，不要让对方感觉到你在处理一些与电话无关的事情，对方会感到你在分心，这也是不礼貌的表现。使用正确的姿势，避免手机滑落，发出刺耳的声音，带着微笑迅速接起电话，让对方也能在电话中感受到你的热情。

接听电话：三声之内接起电话，这是星级酒店接听电话的硬性要求。主动问候，报部门介绍自己，此外，接听电话还要注意接听电话的语调及其速度、接听电话的措辞、接听电话的环境，让对方感觉到你是非常乐意帮助他的，在你的声音当中能听出你是在微笑；当电话线路发生故障时，必须向对方确认原因并注意打电话双方的态度；当听到对方的谈话很长时，须有所反应，如使用“是的”“好的”等来表示你在听。

电话结束时：感谢对方来电，并礼貌地结束电话

（1）问候礼仪

最正式的问候礼仪以问候语加上单位、部门的名称以及个人姓名；通常以问候语加上单位、部门的名称，或是问候语加上部门名称适用于一般场合。

（2）打电话基本礼仪

打电话时，需注意以下几点：

① 要控制响铃时长。一般情况下响铃时长并无限制，但根据受话人身份的不同，响铃时长有时也应考虑。例如受话人为老师，当对方在上课时，如非重要事情，响铃 4～6 声即可，久则恼人，事情紧急也不例外。

② 要选好时间。打电话时，尽量避开受话人休息、用餐的时间，而且最好别在节假日打扰对方。若非有要紧事，晚上十点后尽可能不要给任何人打电话，以免打搅别人休息。

③ 要掌握通话时间。打电话前，最好先想好要讲的内容，以便节约通话时间，通常一次通话不应长于 3 分钟，即所谓的“3 分钟原则”。

④ 用语要规范。通话之初，应先做自我介绍。请受话人找人或代转时，应说“劳驾”或“麻烦您”，不要认为这是理所应当的。要态度友好，通话时不要大喊大叫，震耳欲聋。

二、环境布置

（一）茶席设计

1．基本要素

（1）茶　叶

茶是茶席设计的灵魂，也是整个茶艺表演的基础物质和思想构成。茶艺表演是因茶而存在的，茶也是茶文化艺术的表现形式。不同茶类有不同的形状、色泽和香气特征，且因产地、形状、特性不同而有不同的品类和名称，极具观赏价值。

（2）茶具组合

茶具组合是构成茶席设计的基础，也是茶艺表演构成的因素主体之一。其基本特征是实用性与艺术性的相融合，实用性决定艺术性，艺术性又服务于实用性。

茶具组合可分为两种类型，一是茶艺表演过程中必不可少的个件，如煮水壶、茶叶、茶叶罐、茶则、品茗杯等；二是功能齐全的茶艺组件，如茶荷、茶碟、茶针、茶夹、茶斗、茶滤、茶盘、茶巾和茶几等，可以根据茶艺表演需要进行选配。

① 依据茶艺类型、时代特征、民俗差异、茶类特性等应有不同的配置。

如玻璃杯泡法时，在泡茶台上配上竹制的茶托来衬托，用茶盘来盛装，配上柔和的桌布，在视觉层次上就会显得丰富，不同材质器具的变化也带来了对比效果和节奏协调感；此外，颜色也需要相应的对比和调和，如用青花瓷具来泡茶，旁边用嫩绿细竹作背景，能让人感觉神清气爽。

② 茶具形式和排列上，需要考虑对称和协调原则。

如“前后高矮适度”的原则能让欣赏者看得清晰，以壶为主、具在中、配套用

具分设两侧的“左右平衡”原则；“均匀摆布”的原则，要求不同茶具之间距离要均匀，整体上有平衡感觉，符合传统的审美观念。

（3）泡茶台与桌布设置

根据不同的性质有不同形式的泡茶台，如有伸缩自如、活动方便的，有质地雅致、造型优美的；有便于废水倾注和盛放的不同形式泡茶台。无论是什么形式，其总体要求是：

① 有高低相配套的凳子；

② 与表演者的身材比例相协调；

③ 长宽、大小、形状要与茶艺表现主题一致；

④ 茶器具的多少、排列形式等相一致。

注：如果没有相应美观的泡茶台，也可以用其他高度差不多的桌子代替，为了美观，可再铺上茶艺表演所需要的桌布。

桌布是茶座整体或者局部物件摆放下的铺垫物，是布艺和其他物质的统称；其作用是避免茶桌上器具在摆放过程中发生不必要的碰撞，且辅助器具完成茶席设置，表达茶艺表演的主题。桌布的质地、色彩、大小、花纹等都应该与茶艺表演的主题相协调，还要综合考虑其对茶具、茶叶、茶汤美的映衬，与环境和服饰相互照应。目前质地类型有棉布、麻布、化纤、蜡染、印花、毛织、绸缎、手工编织等。

（4）茶　挂

茶挂是指所有适合品茗场合或者能与茶事相结合的可以悬挂的饰品，结合茶席的氛围，达到“适时”“适地”“适宜”和“适称”，才能达到净适美雅的境界。茶挂离不开茶画，但不一定全部是茶画，一般是用笔墨勾勒出与茶有关的多种情景，或者根据咏茶诗词来创作美术。在质量上，要有收藏价值，最好不要悬挂粗俗廉价的画作，以免影响品茗气氛，降低茶艺格调。

适时的茶挂，是指根据不同的季节月份，更换不同主题文化的茶挂。比如，年初新正，万物复苏，画作最好是富有吉祥意味，如以平安为题的竹子，以五福为题的梅花，以开泰为题的羊等。春夏秋冬，不同的景色，梅兰竹菊，演绎出不同的文化特色，以此变换为主题，茶挂显得更具有生命活力。

2．意境营造

茶席设计中意境的营造其实也就是品茗意境的营造，与主题息息相关。一个茶席设计作品其实就是一个艺术作品，无论大小都要有内容，并非器皿多茶席设计作品的内容就丰富，应给人留下想象的空间。

（1）名　称

要想吸引人就要有一个好听且耐人寻味的名称应反复推敲，文字既要精练简单，又要能够突出主题使其意味深长，如《盼》《静》《吟秋》《龙井问茶》《九曲红梅》《山水情》《仲夏之梦》《跟着感觉走》《浓岩茶屋》《梅韵》《清韵》《野趣》《人迷草木中》等等。

（2）立意表达要含蓄

作品的主题要在茶席设计中含蓄地表达出来，不能太露骨，要给人留下想象的余地。如由石伟蔚设计的《静》由两张叠铺的纸、一缸鱼、三个青瓷碗、一块茶巾组成，没有任何其他的东西，也没有什么表达“静”的字画，缸中鱼儿正在游，如何能“静”？可是再看那青青瓷儿三只碗，白白净净的纸和一块茶巾，却不得不让人静下心来。作者巧妙地通过铺垫的色彩和简洁的器物把平静如水的心静表现得十分到位。

（二）背景音乐

1．古琴乐曲

古琴又称“七弦琴”，起始于周代，至今已有3000多年的历史；是伴奏相和歌的乐器之一，形成了独特的演奏艺术和各具特色的多种流派。名曲如《阳春白雪》《高山流水》《梅花三弄》《阳关三叠》《潇湘水云》《醉渔唱晚》《平沙落雁》《关山月》等。

2．古筝乐曲

古筝，与古琴一样，为拨弦乐器。现代俗称“古筝”的音箱为木制长方形，古筝的传统演奏法用于独奏、伴奏和合奏。

古筝乐曲有《渔舟唱晚》《高山流水》《汉宫秋月》《寒鸦戏水》《将军令》《四合如意》《彩云追月》《茉莉芬芳》等。

3．琵琶乐曲

琵琶低音区淳厚结实、中音区优美洁丽、高音区清脆明亮、泛音则清越圆润，不仅能演奏单音、双音，还能弹奏简单的和弦和复调旋律。名曲如《十面埋伏》《浔阳夜月》《月儿高》《雨打芭蕉》《塞上曲》《金蛇狂舞》《飞花点翠》《彝族舞曲》等。

4．二胡乐曲

二胡其音色柔和优美，常用于独奏、伴奏和合奏；音色和多变的弓法，不仅能拉出千愁百转、凄凉哀怨的旋律，也能奏出欢乐明快、热情奔放的曲调。名曲有《光明行》《月夜》《悲歌》《空中鸟语》《良宵》《烛影摇江》《二泉映月》《听松》等。

5．江南丝竹

江南丝竹，“丝竹”是我国对弦乐器与竹制管乐器的总称，流行于江南一带的丝竹音乐有笛子、箫、笙、二胡、琵琶、扬琴、秦琴、三弦等。这些乐器组合在一起，具有清新、秀丽、细腻、典雅、流畅、委婉、活泼和富有情趣的韵味；各种乐器的演奏者则往往根据乐器的不同特点，对乐曲的旋律分别进行不同的变化润饰，使之丰富多彩，具有多声部的效果。

6．广东音乐

广东音乐是流行于广东各地区的一种丝竹音乐，起源于广东戏曲中的伴奏音乐；有些又加进了西洋的小提琴、木琴、黑管等；其音乐清秀明亮、曲调流畅优美、节奏活泼明快。演奏时，有由多种乐器组合的大、中、小型合奏。传统乐曲有《雨打芭蕉》《柳摇金》《步步高》等。

7．轻音乐

音乐艺术，按其格调和表现特点，常可分为“严肃音乐”和“轻音乐”两个大类。轻音乐又称“情调音乐”，指流行音乐中的器乐作品，不包括摇滚乐、迪斯科等节奏强烈的音乐。常以通俗方式诠释乐曲，其来源可以是原创，也可以是对古典音乐、流行音乐或民间音乐进行改编而成。轻音乐的特点，一是通俗性，二是娱乐性，三是生活化，其格调轻松、轻快、轻柔、轻盈。

（三）插花艺术

插花艺术，即指将剪切下来的植物的枝、叶、花、果作为素材，经过一定的技术（修剪、整枝、弯曲等）和艺术（构思、造型、设色等）加工，重新配置成一件精制完美、富有诗情画意，能再现大自然美和生活美的花卉艺术品。给人以清新、鲜艳、美丽、真实的生命力美感，因而最易表现出强烈的艺术魅力。

插花艺术的种类很多，现从不同角度归纳分类如下：

（1）选用花材性质不同，有鲜花插花、干花插花以及人造花插花（绢花、涤纶花、棉纸花等）；

（2）选用容器样式不同，有瓶花、盘花、篮花（用各种花篮的插花）、钵花、壁花（贴墙的吊挂插花）等；

（3）按使用目的不同，有礼仪插花和艺术插花；

（4）按艺术风格不同，有东方方式插花、西方方式插花以及现代自由式插花。

茶艺插花讲究色彩清素，枝条屈曲有致，瓣朵疏朗高低，花器高古、质朴，意境含蓄，诗情浓郁，风貌别具；手法以单纯、简约和朴实为主，以平实的技法使花草安详地活跃于花器上，把握花器一体，达到应情适意、诚挚感人的目的；且花材上多用折枝，注重线条美。花材常用松、柏、梅、兰、菊、竹、梧桐、芭蕉、枫、柳、桂、茶、水仙等；在色彩上多用深青、苍绿的花枝绿叶配洁白、淡雅的黄、白、紫等花朵，形成古朴沉着的格调；花器多选用苍朴、素雅、暗色、青花或白釉、青瓷或粗陶、老竹、铜瓶等。

三、茶艺编排

（一）茶艺程序编排

茶艺表演，是将日常沏茶泡茶技巧进行艺术加工后，展现出具有表演性、观赏性的艺术活动；在其活动中，茶艺表演者与品饮者是共处在同一审美活动中，通过茶艺解说员，将茶艺精神用艺术化的语言传达给品饮者；合理的茶艺程序编排，才能将茶艺思想、礼仪规范、茶艺艺术等表现出来。通常编排茶艺表演程序如下：

1．主题的确定

主题思想是茶艺表演的灵魂，无论你是取材于古代文献记载还是现实生活，表演型茶艺都要有一个主题。如周文棠先生根据朱权《茶谱》中记载文献编创的《公刘子朱权茶道》，南昌女子职业学校编创的《仿唐宫廷茶艺》，是根据唐代清明茶宴来反映唐代茶文化的盛况；《禅茶》是根据佛门喝茶方式及用茶来招待客人的习惯进行的编创，以体现禅茶一味的思想；婺源的《文士茶》是根据明清徽州地区文人雅士的品茗方式进行的编创，反映的是明清茶文化的高雅风韵；《白族三道茶》则是取材于少数民族茶俗，通过一苦二甜三回味的三道茶，来告诫人们人生要先吃苦后才能享受幸福。明确主题后，才能根据主题来构思节目风格，编创表演程序、动作；选择茶具、服装、音乐等进行排练。

2．表演人数的确定

根据主题要求，确定表演人数，一般茶艺表演有一人、二人、三人和多人。一人型：多数是生活型茶艺表演，或是给客人表演冲泡技艺；二人型：一个为主泡，一个为助泡。主泡负责泡茶，助泡负责端茶具、奉茶等，配合主泡进行泡茶；三人型：一人担任主泡，两人为助泡，配合主泡泡茶；多人型：一个为主泡，其余的人为助泡，但分工会有所不同，且还有一种表演方式，可以每个人都是主泡，如《集体工夫茶》每个人的服装、道具、动作都完全统一，没有主次之分。

3．挑选演员

茶艺是一门高雅的艺术，除了形象要求要根据大众的审美标准之外，还要综合考虑演员的文化素质和艺术修养，所以应尽可能挑选有一定文化修养又懂茶艺的演员。目前我国茶艺表演一般是以年轻女性为多，但也可以根据节目的主题选择男士或年龄较大的演员。如《仿唐宫廷茶艺》《将进茶》中就可选用男演员参与泡茶。此外茶艺表演反映的主体与内容不同，选择的演员形象也要有所不同。例如《仿唐宫廷茶艺》，因为唐代是以肥胖为美，故选择的演员就应该丰满一些；宋代是以瘦为美，故《仿宋茶艺》中的演员就应以清秀为主；《擂茶》《新娘茶》等民俗茶艺则应选那些表情活泼的女孩。主泡和助泡相比，主泡应略高于助泡，其形象、气质更好一些。不管主泡还是助泡，手都应该纤细、匀称、白皙。

4．动作的设计

主要是指表演者的肢体语言，包括眼神、表情、走（坐）姿等，总的要求是动作要轻盈、舒缓、如行云流水般，期间可以运用一些舞蹈动作，但动作幅度不宜太大，也不能过于夸张以免给人做作之感。泡茶时动作要熟悉、连贯、圆润、避免茶具碰撞，放在左边的茶具应用左手拿，最好不要使双手交叉。茶汤不能洒在桌上。表情要自然，既不能板着面孔，也不能嬉皮笑脸。眼神要专注、柔和，不能飘移，更不能东张西望或窥视，给人以不庄重感，但也不能埋头苦干，要有与观众交流的时候。此外编排者还应注意整个程序要紧凑，有变化，要能吸引人。

5．服饰的选配

包括服装、发型、头饰和化妆。具体如下：

（1）服饰要根据主题来设计，主要以中国传统服饰为主，一般是旗袍或对襟衫和长裙。裙子不宜太短，不能太暴露，手上不宜佩戴手表、手饰，更不能涂指甲油，也不能染发。妆容以淡妆为好，不宜过于浓艳，以免显得俗气。

（2）服饰选择方面要考虑应与历史相符合。表演《仿唐宫廷茶艺》就应选用具有唐朝典型特点的服饰，表演《仿宋茶艺》就应选择宋代服饰，一些具有特殊意思的茶服饰也应相互辉映，如《禅茶》《道茶》中就要选择特定的僧、道服饰。

（3）服饰选择时最好还能与所泡的茶相符合，如泡的是绿茶，其特点是叶绿汤清，那就最好不要穿红色、紫色等色泽太深的服饰，最好选择白色、绿色等素雅的颜色。如杭州袁勤迹表演《龙井问茶》时身着白底镶绿边的旗袍，就显得特别清新脱俗，效果非常好。

6．表演用具的选择

是指泡茶的器具，包括茶具、桌椅、陈设等，是茶艺表演重要组成部分之一，根据茶艺表演的题材来选具。如反映现代生活题材的就可选用紫砂、盖碗、玻璃等多种茶具，但如果是古代题材就不能选用玻璃器具。

7．背景音乐的选配

音乐可以营造浓郁的艺术气氛，吸引观众注意力，带领大家进入诗意境界，若民俗类的茶艺多选用当地的民间曲调。如江西的《擂茶》就选用当地名歌“斑鸠调”和“江西是个好地方”；广西的《茉莉花茶艺》则选用民歌“茉莉花”；《仿唐宫廷茶艺》就要用唐代音乐；《仿宋茶艺》就要选用宋代音乐；反映月下美景的有《春江花月夜》《月儿高》《霓裳曲》《彩云追月》等；反映山水之音的有《流水》《汇流》《潇湘水云》《幽谷清风》等；反映思念之情的有《塞上曲》《阳光三叠》《情乡行》《远方的思念》等；拟禽鸟之声态的有《海青拿天鹅》《平沙落雁》《空山鸟语》《鹧鸪飞》等。总之要与主题相符，并能帮助营造氛围。

8．舞台背景的搭配

根据表演主题布置背景，不宜太过于复杂，应力求简单、雅致，以衬托演员的表演为主，让观众的注意力集中在泡茶者身上而不能喧宾夺主。如《禅茶》表演在背景屏风上挂有“煎茶留静者，禅心夜更闲”的书联，既点明了主题，突出了禅意，又淡化了宗教色彩，十分巧妙；背景布置也可以是动态的，如杭州袁勤迹表演《日本茶道》时，让片片枫叶从舞台上空飘落下来，意境十分美妙。

9．灯光效果的处理

茶艺表演中灯光一般要求柔和，不宜太暗也不能太亮、太刺眼，太暗会看不清茶汤的颜色，更不能使用舞厅中的旋转灯。如南昌白鹭原茶艺馆在表演《禅茶》时，将灯光打暗，只留下照在主泡身上的一盏聚光灯，将所有观众的注意力都集中在泡茶者身上，既吸引了目光，又增加了庄严肃穆的氛围，达到了很好的效果。

（二）茶艺解说词编写

茶艺解说词是对茶艺表演操作过程、原理、功能等内容进行解说，引导观众欣赏茶艺表演，帮助观众理解表演的主题和相关内容，使茶艺表演能更好地达到艺术表现效果；其内容应包括表演茶艺的名称、主题、艺术特色及表演者单位、参与表演人员的姓名等。

茶艺解说词在语言的表达上要注意以下几个方面：

1．使用标准普通话

作为面向公众茶艺表演的解说，应采用普通话，让观众都能听懂；如果不能使用普通话，或者普通话不标准则会使人听不明白，大大降低茶艺词的艺术性。

2．要脱稿

在解说时最好不要拿稿，不然会给人留下对表演不熟悉的印象，同时，在解说当中还应与观众交流互动，而拿着稿子就无法达到理想的效果，也给人一种不尊敬的感觉。

3．语言应带有感情色彩

同样的文字，不同人阐述可以达到不同的效果，解说时应投入感情，语气要抑扬顿挫，注意语言表达技巧。否则即使表演得再精，解说词写得再美，毫无感情的解说也会使人倒胃口。解说宜亲切自然，但也要切忌矫揉造作。

四、茶艺评价与鉴赏

（一）评判准则

以茶事功能来分，可分为生活型茶艺、经营型茶艺、表演型茶艺。

1．生活型茶艺

生活型茶艺包括个人品茗，奉茶待客。强调的是“生活的艺术”“艺术地生活”，着重与生活本身的契合，要自然、自在、自如、自由。要依家庭条件、个人嗜好、消费需求来定，一般来说不需要刻意的安排。

2．经营型茶艺

经营型茶艺主要指在茶馆、茶艺馆和茶叶店以及餐饮、宾馆和其他经营场所为消费者服务的茶艺。

3．表演型茶艺

分为规范型茶艺表演、技艺型茶艺表演、艺术型茶艺表演。是将茶艺思想内涵、礼仪规范、艺术表现、技术要求整合在一起。根据当前茶艺规范的要求，茶艺的评判准则大致可归纳为四个方面：

（1）程序设计的科学性

科学性又称适用性，即茶艺要符合茶的特性特征。不同的茶都有不同的特征和不同的表现手法。根据茶叶基本特性的要求，选择合适的冲泡技艺来体现茶汤的特征，完成饮茶的活动，体现科学的原则，是茶艺的基础。科学性在目前的茶艺表现中基本实现了普及，这与20年来茶文化的推广力度紧密相关。

（2）表演技艺的实用性

实用性也可称为生活性，即茶艺表演要符合消费者饮茶的生活习惯，其具体表现为茶艺的程序与规则。茶艺表演最根本的目标是营造人与人、人与物之间平和融洽的气氛即体现人类情感传达的生活价值，又体现出对饮茶活动的艺术加工，其最终以“泡一杯好茶”为实用目的。

① 位置：主要指茶具的摆放，泡茶桌在茶环境的位置，茶盘在茶桌的位置，各茶具的相对位置，泡茶人的位置，与客人的相对位置等；

② 动作：执行每一步骤，每一器具拿持的动作要领；

③ 顺序：泡每种茶的步骤和前后顺序；

④ 姿势：主要指人的坐、站、行的姿势、仪态；

⑤ 移动线路：主要指泡茶人的泡茶行动及奉茶行动等路线。

这五个要素的基本标准来源于生活的规定，不对生活进行审视的人不能获得其中的真谛，基于生活的审视，茶艺中即使有各种因素的冲突综合而似乎不合常规，它依旧会存在合理性。

（3）茶艺要注入思想内涵

茶艺表演活动要表达一定的主题思想，也是茶艺的灵魂。茶艺是结合生态文化、历史文化、乡土文化、精神文化以及茶文化理念等的文化再创作，不仅使茶艺具有多样性和丰富性，也突出了茶艺与人文价值的紧密关联，使茶艺具有生命力。由于目前茶艺基本是经验的、嫁接的、随性的，很少进行理性的文化提炼，因而茶艺主题经常模糊不清，有的还自相矛盾。因此，茶艺文化思想内容的关注是目前茶艺界重点解决的问题。

（4）要具有一定的艺术表现能力（符合审美情趣）

茶艺是以饮茶为核心的综合性艺术组合，茶具、服装、音乐、道具、布景、行为、语言等无不体现美的元素；是茶人的修养和艺术品位的综合体现，需要长年的历练和积累。艺术性必须符合茶艺的科学性、生活性和文化性，因此茶艺的艺术性更有其精妙的表达方式。

（二）评价内容

1．仪表仪容

仪表自然端庄，发型、服饰与茶艺表演类型相协调；形象自然、得体，高雅，表情自然，面带微笑，具有亲和力；动作、手势、站立姿势端正大方，能够正确运用礼节，泡茶姿势优雅、动作符合卫生要求。

出现如下表现为明显失误：发型散乱，服装穿着随意，发型、服饰与茶艺表演类型不相协调，表情生硬；视线不集中，表情平淡；目低视；表情不自如，说话举止略显惊慌；不注重礼貌用语；礼节表达不够准确；泡茶姿势不够美观；站姿、走姿摇摆；坐姿不正，双腿张开；手势中有明显多余动作。

2．茶席布置

茶席布置要与环境协调，席面布置合理、美观、有序，色彩协调，茶具空间符合操作要求。冲泡前应检查所用器具并逐一归位，应注重所有用具摆放的整齐美观。

在茶艺表演评比中，对于出现如下问题者可酌情扣分：

（1）茶具配套不齐全，或有多余的茶具；

（2）茶具色彩不够协调，茶具之间质地、形状、大小不一致；

（3）茶席布置不协调，茶具配套齐全，茶具、茶席相协调，缺乏艺术感；

（4）器具摆放零乱，或冲泡时发现缺少用具，临时拿取。

3．茶艺操作程序的总体要求

行茶动作连续、协调并有创新，编程科学合理，全过程完整、流畅。即程序契合茶理，投茶量适用，水温、冲水量及时间把握合理，操作动作适度，手法连绵、轻柔、顺畅，过程完整，奉茶姿态、姿势自然，言辞恰当。过程不能过于冗长，一般不能超过一定的时间。出现如下问题者可酌情扣分：

（1）顺序混乱。

（2）未能正确选择所需茶叶、配料。

（3）选择水温与茶叶不相符合，水温过高或过低。

（4）冲水量过多或太少，各杯中茶水有明显差距。

（5）未能连续完成，中断或出错；能基本顺利完成，中断或出错两次以下。

（6）表演技艺平淡，缺乏表情及艺术品位；表演尚显艺术感，但艺术品位平淡。

（7）奉茶姿态不端正，次序混乱、脚步混乱、不注重礼貌用语。

（8）收回茶具次序混乱等情况出现者。

所冲泡的茶汤质量要求：茶汤温度适宜，汤色透亮均匀，滋味鲜醇爽口，香高持久，叶底完美，符合所泡茶类要求。出现未能表达出茶色、香、味形；茶汤温度过高或过低；茶量过多，溢出茶杯杯沿等情况，要酌情扣分。

4．解说词

要求有创意，讲解口齿清晰婉转，能引导和启发观众对茶艺的理解，给人以美的享受。对于创新型茶艺还要求：解说词完整，包括导入介绍、茶艺程序解说、结束语；解说用语正确、规范，没有程序上的错误；语言流畅、富有感情，能够与音乐相互应和、协调一致；根据主题配置音乐，具有较强艺术感染力；能够正确介绍主要茶具的名称及用途；能够介绍茶叶的名称、产地及品质特征等。

5．其　他

另外，为使自己的表演艺术能够得到人们的喜爱，从观众的角度出发，表演者还应重视以下一些问题。

（1）服饰宜大方忌庸俗

女士的着装，常见的有色彩鲜艳的绸缎旗袍、江南蓝印花布服饰，较为大方。只要衣服着身宽松自然，不刻意紧身，都易被多数观众接受。切忌穿轻浮的袒胸衣或无袖衣或半透明衣。男士可穿西装、打领带，或着中式服装。除少儿茶道表演者外，不宜穿短裤、超短裙，否则有损雅观。

（2）化妆淡雅忌浓艳

茶艺表演者的化妆，应重视如下一些问题：

① 脸部和手部：应以显示白净为主。指甲须剪平整，切忌涂指甲油。眉和唇可作淡淡的勾画，做到似画非画较合适。切忌涂浓重的唇膏，画粗黑的眉毛，粘贴假睫毛，勾浓黑的眼线，涂厚重的胭脂。

② 发型：女性茶道表演者，以留短发或中长发为宜，并用发胶固定。如头发过肩的须束起，给人以清新、整洁的感觉，并可避免因头发飘到脸上而影响表演。男

性表演者的发型以整齐为好，切忌发长过肩。

（3）表演动作娴熟忌做作

取茶、泡茶的各种动作要自然、真实、细腻，切忌为表演而表演，动作过于做作。敬茶时要有礼有节、不卑不亢，给人一种亲切感。整个过程动作要娴熟，操作忌凌乱，避免因撞击茶具而发出叮当声。泡茶斟茶时应做到滴水不漏。

（4）用茶精良忌粗老

表演用茶必须精良，条件许可的话采用名优茶更好。经讲解茶的品名，易引起观众的好奇心，提高品尝的欲望，从而有利于活跃全场气氛。不宜用红碎茶、袋泡茶、速溶茶、罐装茶和杂味茶，因这些茶不易看清外形，而使表演逊色。

（5）音乐柔和忌无声

表演时应配有柔和的音乐，以使观众情绪轻松自然，提高观赏欲望。用古筝、扬琴、提琴、琵琶等乐器奏“广东音乐”较合适，如无乐队伴奏，播放轻音乐也可。

（6）舞台灯光明亮忌灰暗

舞台灯光必须明亮，若光线太差，会使物体失真，特别是干茶和茶汤色泽观众不易判别优劣，有损表演效果。

【课外实践活动】

参观茶文化传承与发展中心，体验茶艺表演

一、时间

根据教学时间灵活安排。

二、活动地点

茶文化传承与发展中心。

三、活动内容

参观茶文化传承与发展中心；体验茶艺表演。

四、活动要求

1. 活动前准备

（1）请班主任将班级学生分成几个小组，每小组安排小组长，填写“小组安排表”，活动时以小组为单位活动，将小组长名单告知相应车长。

（2）各班安排学生，在当天活动前为班级领食物。

（3）请班主任提前做好学生的乘车安全教育和茶企茶园纪律教育。

（4）请班主任将所在的车号、上车时间和集合时间准确通知学生，听从小组长和带班老师的指挥，不得单独行动，服从活动安排。

2. 集合出发

（1）根据教学时间安排好时间在操场集合。

（2）按照要求和班级参与活动的人数，到指定地点领取点心。

（3）在指定地点排队有序上车。

3. 车上纪律

文明乘车，不得大声吵闹，不得随意将头、手等部分伸出车外，不得在车厢内随意走动，垃圾入袋，服从司机和车长的安排。

4. 集合回校

以小组为单位，按时集合，找到所在车辆，向车长报道。全部师生到齐后发车回校。

5. 活动反馈

复习题

1. 简述都匀毛尖冲泡方法。
2. 简述都匀毛尖的玻璃杯茶艺。
3. 简述都匀毛尖的少数民族茶艺。

第十章 茶之饮

“茶之饮，发乎神农”——《茶经》

茶的由来和历史可追溯至殷商时期，但在秦汉前，茶通常都是作为药用,《神农本草经》中记载：神农尝百草，日遇七十二毒，得图而解之。可见茶富含丰富的药理成分，有很高的药用价值。真正的饮茶文化，开始于西汉，萌芽于魏晋，发展至唐代，茶才作为商品流入寻常社会。

第一节　都匀毛尖的有效成分

【问题探讨】

“茶叶苦，饮之使人益思、少卧、轻身、明目”——《神农本草经》

“茶茗久服，令人有力悦志”——《神农食经》

茶叶中有丰富的内含物成分，赋予茶“解忧烦，睡思轻”的茶性。在发展中，其药理性能不断被发掘出来，逐渐得到全面应用。都匀毛尖茶的有效成分是其功效作用的基础。

【讨　论】

都匀毛尖茶的有效成分主要有哪些？影响茶汤品质的主要成分是什么？

一、都匀毛尖茶生化成分特点

（一）黔南州本地种制作都匀毛尖茶生化成分特点

1．不同季节本地种都匀毛尖生化成分含量的特点

春茶水浸出物、氨基酸、黄酮、叶绿素、生物碱等与绿茶品质紧密相关的生化成分含量均高于名优绿茶一芽二叶春茶对照样 CK1 和 CK2（CK1：江苏省，CK2：安徽省），其中春茶水浸出物平均值高出对照样 8% 以上，氨基酸平均值高出对照样 6% 以上。春茶生化成分含量总体优于夏秋茶，具有氨基酸含量高而茶多酚偏低的特征。

2．不同地点本地种都匀毛尖茶生化成分含量的特点

贵定鸟王种氨基酸含量最高，而生物碱含量较低；惠水种的氨基酸、叶绿素、生物碱、儿茶素总量较高；团山种、平塘种的水浸出物、黄酮及叶绿素总量较高。

贵定鸟王种茶样氨基酸总量及茶氨酸、谷氨酸含量均为最高；都匀团山种茶样天冬氨酸及组氨酸含量最高的，分别为 1.47 mg/g、0.44 mg/g；惠水种茶样精氨酸含量最高，春茶为 1.15 mg/g。

天冬氨酸、谷氨酸、茶氨酸等鲜甜味氨基酸的含量远高于亮氨酸、缬氨酸、苯丙氨酸等苦味氨基酸的含量。

（二）黔南州引进种（福鼎大白）制作都匀毛尖茶生化成分特点

（1）贵定、惠水、平塘、瓮安、都匀 5 个地方引进种福鼎大白制作都匀毛尖茶

的生化成分表现为：春茶水浸出物、氨基酸、黄酮、叶绿素、生物碱等含量均高于对照样 CK1 和 CK2。其中水浸出物平均值比 CK1 高出 8.68%，氨基酸平均值比 CK2 高出 11.51%，黄酮平均值是 CK1 的一倍以上。

（2）不同地方制作都匀毛尖茶生化成分有一定差异。瓮安茶样茶氨基酸总量及茶氨酸、天冬氨酸、组氨酸含量均为最高；惠水茶样谷氨酸含量最高，春茶为 3.56 mg/g；都匀茶样精氨酸含量最高的，春茶为 5.33 mg/g；平塘茶样的水浸出物、茶多酚、可溶性糖、叶绿素总量较高；都匀茶样与惠水茶样生物碱与儿茶素总量较高；贵定样黄酮含量较高。

（3）不同季节部分生化成分呈现较大差异。夏茶茶多酚明显高于春茶和秋茶，氨基酸与叶绿素总量均是春季极显著高于夏秋季。

二、都匀毛尖茶香气成分特点

（1）春茶共检测出 50 种香气成分，秋茶共检测到 45 种香气物质，碳氢化合物、醇类及脂类化合物是其主要成分。

（2）都匀毛尖茶含量较高的香气单体为 β-芳樟醇、香叶醇、2-乙烯基-1,1-二甲基-3-亚甲基-环己烷、顺-己酸-3-己烯酯、顺-茉莉酮、顺-β-罗勒烯、二甲硫等，其中 β-芳樟醇、2-乙烯基-1,1-二甲基-3-亚甲基-环己烷、顺-β-罗勒烯、二甲硫显著高于其他名优绿茶，是都匀毛尖茶香气成分方面的重要特征。

（3）贵定、惠水、平塘三个地方种都匀毛尖中 2-乙烯基-1,1-二甲基-3-亚甲基-环己烷、顺-己酸-3-己烯酯、顺-β-罗勒烯相对含量较福鼎大白种都匀毛尖高，因此，以本地种加工的都匀毛尖茶具有与福鼎大白种明显不同的香气特征。

（4）福鼎大白种加工的都匀毛尖茶中 β-芳樟醇相对含量较高，其中以贵定福鼎大白最高，为 12.59%。

三、都匀毛尖茶微量元素及稀土元素特点

（1）五个地方 Cu 元素平均值为 9.878 μg/g，Co 元素平均值为 0.515 μg/g，Ni 元素含量的平均值为 7.147 μg/g，Zn 元素平均值为 34.401 μg/g，Cr 元素平均值为 0.854 μg/g，Mo 元素平均值为 0.104 μg/g，Pb 元素平均值为 0.304 μg/g，稀土元素总量平均值为 0.246 μg/g。各地方样微量元素均在国家绿色食品规定的茶叶质量安全范围。

（2）五个地方茶样中，平塘样和都匀样微量元素含量普遍较低；瓮安样中微量元素含量较高。

（3）主成分分析表明 Co 和 Zn 为都匀毛尖茶所含特征元素。

第二节　都匀毛尖的功效作用

【问题探讨】

美国医药界研究报告表明，绿茶有三大功效：① 咖啡因，能刺激中枢神经，打消睡意，有强心及利尿作用，能提高耐久力及记忆力；② 单宁，有收敛性，有整肠作用，且能与人体内有害的重金属（如锶、镉等）相结合，生成不溶性的化合物，而消除其毒性，阻止血液的吸收；③ 维生素 C，能防止坏血病，且可强化造血、解毒，强化骨骼组织及内脏的功能，又能消除疲劳；大量摄取绿茶中的维生素 C，还有抗癌效力。

【讨　　论】

都匀毛尖茶主要具有什么功效与作用？

都匀毛尖含有丰富的蛋白质、氨基酸、生物碱、茶多酚、糖类、有机酸、芳香物质和维生素 A、B_1、B_2、C、K、P、PP 等以及水溶性矿物质。都匀毛尖的功效与作用如表 10-1 所示。

表 10-1　都匀毛尖茶有效成分及功效

有效成分	含量/%	生理作用
茶多酚	24.130	苦涩味物质，抗氧化、抗突然变异、防癌、降低胆固醇、降低血液中低密度脂蛋白、抑制血压上升、抑制血小板凝集、抗菌、抗食物过敏、肠内微生物相改善、消臭
L-EGC	1.703	清除自由基、延缓老化、预防蛀牙、改变肠道微生物的分布、抗菌作用、除臭、抑制血压（可降低舒张压与收缩压）及血糖（抑制糖分解酵素）、降低血中胆固醇及低密度脂蛋白（LDL）、增加高密度脂蛋白（HDL）的量（日本用来做低胆固醇蛋）、抗辐射以及紫外线（美国已做成预防紫外线的化妆品）、抗突变（在微生物已获得证实，但还没有人体试验的报告）等
D,L-GC	1.440	
L-EC	2.484	
L-EGCG	5.766	
L-ECG	2.306	
儿茶素总量	13.749	
氨基酸	4.150	鲜爽味物质，起氮平衡作用、转变为脂肪、产生一碳单位、参与构成酶等
咖啡因	4.440	苦味物质，中枢神经兴奋、提神、强心、利尿、抗喘息、代谢亢进
可溶性糖	3.070	甜味物质，抑制血糖上升（抗糖尿）
叶绿素 a	0.424	参与光合作用，干茶色泽、香气组分
叶绿素 b	0.320	
叶绿素总量	0.744	
类胡萝卜素	0.028	抗氧化、防癌、免疫力增强
茶皂素	0.100	防癌、抗炎症

都匀毛尖茶除了含有氨基酸、茶多酚等有效成分，还富含 Cu、Co、Ni、Zn、Mo、Pb 等稀有元素，因而保健价值更为突出，人们由此编出《都匀毛尖茶保健歌》:

清心头目安神惊，悦志除烦解酒醒；
祛风清痰治痢毒，益气增力体身轻。
去腻凉胆下气食，利尿通便化血行；
护齿除臭疗疮瘘，养生增寿保青春。

又云：

清热生津食口香，提神益思心智旷；
护齿免疫防疾病，降压降血又降糖。
抗毒抗疡又抗敏，抗氧抗凝抗疲伤；
抗辐抗癌抗突变，脏腑平衡寿必长。

【思考与讨论】

六大茶类各有什么品质特征，对人体有什么功效？

【课外阅读资料】

科学饮茶

一、看人喝茶

——有的人喝龙井茶或花茶就一个劲要上厕所，泻得很厉害；
——有的人一年四季菊花茶不离口，但喉痛却久久不愈；
——有的人喝茶后会出现便秘；
——有的人喝茶后饥饿感很严重；
——有的人喝茶会整夜睡不着；
——有的人喝茶后血压会上升；
——还有人喝茶会像喝醉酒一样。

究竟是什么原因呢？这是因为人有阴、阳，茶有温、寒。

1．体　质

体质是指人体生命过程中,在先天禀赋和后天获得的基础上所形成的形态结构、生理功能和心理状态方面的综合的、相对稳定的固有特质。

茶性有温、中、凉等四大类，体质分平和、阴虚、血瘀等九大类；依据体质，进行看人喝茶是科学饮茶的根本（表 10-2）。

（1）绿茶，不发酵茶，味苦涩、性寒凉，适于平和、阴虚、血瘀、痰湿、湿热型体质。

（2）黄茶，轻微发酵茶，味醇和、性微寒，适于平和、阴虚、血瘀、痰湿、湿热型体质。

表 10-2 九种人体体质辨识

体质类型	体质特征和常见表现	喝茶建议
平和质	面色红润、精力充沛，正常体质	各种茶类均可
气虚质	易感气不够用，声音低，易累，易感冒。爬楼，气喘吁吁	普洱熟茶、乌龙茶、富含氨基酸如安吉白茶、低咖啡茶
阳虚质	阳气不足，畏冷，手脚发凉，易大便稀溏	红茶、黑茶、重发酵乌龙茶（岩茶）；少饮绿茶、黄茶，不饮苦丁茶
阴虚质	内热，不耐暑热，易口燥咽干，手脚心发热，眼睛干涩，大便干结	多饮绿茶、黄茶、白茶、苦丁茶，轻发酵乌龙茶可，配枸杞子、菊花、决明子，慎喝红茶、黑茶、重发酵乌龙茶
血瘀质	面色偏暗，牙龈出血，易现瘀斑，眼睛红丝	多喝各类茶、可浓些；山楂茶、玫瑰花茶、红糖茶等；推荐茶多酚片
痰湿质	体形肥胖，腹部肥满松软，易出汗，面油，嗓子有痰，舌苔较厚	多喝各类茶，推荐茶多酚片，橘皮茶
湿热质	湿热内蕴，面部和鼻尖总是油光发亮，脸上易生粉刺，皮肤易瘙痒。常感到口苦、口臭	多饮绿茶、黄茶、白茶、苦丁茶，轻发酵乌龙茶可，配枸杞子、菊花、决明子，慎喝红茶、黑茶、重发酵乌龙茶，推荐茶爽
气郁质	体形偏瘦，多愁善感，感情脆弱，常感到乳房及两胁部胀痛	富含氨基酸如安吉白茶、低咖啡茶，山楂茶、玫瑰花茶、菊花茶、佛手茶、金银花茶、山楂茶、葛根茶
特禀质	特异性体质，过敏体质常鼻塞、打喷嚏，易患哮喘，易对药物、食物、花粉、气味、季节过敏	低咖啡茶、不喝浓茶

注：引于 2009 年 4 月 9 日《中医体质分类与判定》。

（3）白茶，微发酵茶，味清甜，性平和，适于平和、气虚、阳虚、阴虚、血瘀、痰湿、湿热、气郁型体质。

（4）青茶，半发酵茶，味甘醇，性平和，适于平和、气虚、阳虚、阴虚、血瘀、痰湿、湿热型体质。

（5）红茶，全发酵茶，味甜醇、性温和，适于平和、阳虚、血瘀、痰湿型体质。

（6）黑茶，后发酵茶，味醇厚、性温和，适于平和、气虚、阳虚、血瘀、痰湿型体质。

此外，应该注意以下几点：

（1）人的身体状况是动态的，抽烟、喝酒、熬夜等不良生活习惯会导致体质的多样化。

（2）两种体质可兼而有之。

（3）每种茶类，无论是什么体质，小尝一下，偶尔喝喝都是没关系的。

（4）在饮茶方面，有的人要讲究一些，偏嗜某种茶，这样在长期的饮茶习惯影响下，体质也会发生变化。

2．个人喜好（表 10-3）

表 10-3　不同饮茶人群喜好及喝茶建议

不同饮茶人群喜好	喝茶建议
初始饮茶者，或平日不常饮茶的人	高档名优绿茶和较注重香气的茶类，如西湖龙井、安吉白茶、黄山毛峰、清香铁观音、冻顶乌龙等，
有饮茶习惯、嗜好清淡口味者	高档绿茶、白茶或地方名茶，如太平猴魁、湄潭玉芽、庐山云雾等
喜欢茶味浓醇者	炒青绿茶，乌龙茶中的福建铁观音，广东的凤凰单枞系列，云南的普洱茶等
有调饮习惯的人	红茶、普洱茶加糖或加牛奶

3．职业环境（表 10-4）

表 10-4　不同职业环境人群及喝茶建议

适应人群	喝茶建议	推荐理由
电脑工作者	各种茶类、绿茶优茶，多酚片	抗辐射
脑力劳动者、飞行员、驾驶员、运动员、广播员、演员、歌唱家	各种茶类、名优绿茶，茶多酚片	提高大脑灵敏程度，保持头脑清醒，精力充沛
运动量小、易于肥胖的职业	绿茶、普洱生茶、乌龙茶，茶多酚片	去油腻、解肉毒、降血脂
经常接触有毒物质的人	绿茶、普洱茶，茶多酚片	保健效果较佳
采矿工人、做 X 射线透视的医生、长时间看电视者和打印复印工作者	各类茶，以绿茶效果最好，茶多酚片	抗辐射
吸烟者和被动吸烟者	各类茶，茶多酚片	解烟毒

4．判断选择是否确定

判断茶叶是否适合自己，不妨尝试后看身体是否出现以下不适症状：

（1）肠胃不耐受，饮茶后容易出现腹（胃）痛、大便稀释等；

（2）过度兴奋、失眠或者头晕，手脚乏力，口淡等。

尝试某种茶叶后感觉对身体有益，则可继续饮用；反之则应少喝或不喝。

二、看茶喝茶

李时珍《本草纲目》中记载："茶，味苦，甘，微寒，无毒，归经，入心、肝、脾、肺、肾脏。阴中之阳，可升可降。"

六大茶类本身有寒凉和温和之分（表 10-5）：

（1）绿茶：属于不发酵茶，富含叶绿素、维生素 C，性凉而微寒。

表 10-5　不同茶叶的品性

极凉	凉　性					中　性	温　性		
苦丁茶	绿茶	黄茶	白茶	普洱生茶（新）	轻发酵乌龙茶	中发酵乌龙茶	重发酵乌龙茶	黑茶	红茶

（2）白茶：属于微发酵茶，性微凉而平缓，但“绿茶的陈茶是草，白茶的陈茶是宝”，陈放的白茶有去邪扶正的功效。

（3）黄茶：属于部分发酵茶，性寒凉。

（4）青茶：属于半发酵茶，性平，不寒亦不热，属中性茶。

（5）红茶：属全发酵茶，性温。

（6）黑茶：属于后发酵茶，茶性温和，滋味醇厚回甘，刺激性不强。

三、看时喝茶

1．四季饮茶需分明

中医认为：春喝花茶，夏喝绿茶，秋喝青茶，冬喝红茶（表 10-6）。

表 10-6　不同季节喝茶建议

季节	喝茶建议	推荐理由
春季	花茶，或陈年铁观音、普洱熟茶	散发冬天积在人体内的寒邪，浓郁的茶香能促进人体阳气生发
夏季	绿茶，或白茶、黄茶、苦丁茶、轻发酵乌龙茶、生普洱	清暑解热，止渴强心
秋季	乌龙或红、绿茶混用，或绿茶、花茶混用	解燥热，恢复津液
冬季	红茶，或熟普洱、重发酵乌龙茶	暖脾胃，滋补身体

2．一日饮茶有差异（表 10-7）

表 10-7　不同时间喝茶建议

时　间	喝茶建议	推荐理由
清晨空腹	淡茶	稀释血液，降低血压，清头润肺
早餐之后	绿茶	提神醒脑，抗辐射，上班一族最适用
午餐饱腹	乌龙茶	消食去腻、清新口气、提神醒脑，以便继续全身心投入工作
午后	红茶	调理脾胃，若此时感觉有些空腹，可吃一些零食进行补充
晚餐之后	黑茶	消食去腻的同时还能舒缓神经，令身体放松，为进入睡眠做准备

四、饮茶贴士

1. 饮茶禁忌

（1）忌饮过浓茶：茶汤过浓，则咖啡因和茶叶碱等物质浓度大，对神经系统刺激强，易促进心脏机能亢进，引起神经功能失调。

（2）忌空腹饮茶。空腹饮茶会影响胃液分泌，甚至会引起心悸、头痛、胃部不适、眼花、心烦等“茶不适”现象，并影响对蛋白质吸收，还会引起胃黏膜炎。若发生“茶不适”，可口含糖果或喝些糖水缓解。

注：“茶不适”，类似民间的“茶醉”，因茶醉与酒醉有本质差别，故改为“茶不适”。

（3）忌睡前饮茶。睡前 2 h 内最好不要饮茶，饮茶会使精神兴奋，影响睡眠，甚至失眠。因咖啡因提神兴奋作用为短效的，茶氨酸安神镇静作用为长效的，且茶氨酸在茶汤中的浸出率较高，故长期饮茶者睡前饮茶（特别是高山绿茶，如都匀毛尖茶）具有较强助睡眠作用。

（4）忌饮隔夜茶。饮茶以现泡现饮为好，茶汤放置时间过久，茶汤中的蛋白质、糖类等物质是细菌、霉菌繁殖的养料，存在滋生有害微生物的可能性，导致茶汤变质；且伴随着茶汤温度的下降，所含有的茶多酚和维生素等大多发生化学变化，导致茶汤的抗氧化能力下降，其营养和保健价值也随之下降。

（6）忌饭前后大量饮茶。饭后立即喝茶容易使茶叶中的茶多酚与食物中的铁质、蛋白质等发生络合反应，从而影响人体对铁质和蛋白质的吸收。饭后一个小时对铁的吸收基本完成，为饮茶最佳时间。

（7）慎用茶水服药。药物的种类繁多，性质各异，能否用茶水服药，不能一概而论。在服用催眠、镇静等药物和服用含铁补血药、酶制剂药、含蛋白质等药物时，其中离子易与茶多酚发生作用而产生沉淀，降低药效，甚至会产生副作用。而服用某些维生素类的药物时，茶水对药效毫无影响，对人体可增进药效，有利于恢复健康。

2. 饮茶要适量

医学研究证明，每个饮茶者具有不同的遗传背景，因而体质也有较大差异，脾胃虚弱者，饮茶不利，脾胃强壮者，饮茶有利；饮食中多油脂类食物者，饮茶有利；饮食清淡者也要控制饮茶的量。一般来说以氟元素的摄入量来计算，每天饮茶不超过 30 g 为好。氟是一种有益的微量元素，但摄入过多则会损害人体健康。中国营养学会推荐成年人每天应摄取氟 1.5～3 mg。以茶叶实际氟含量最高值和泡水时茶叶中氟的浸出率计算，每天可饮茶 30～60 g。考虑到从其他食物和水中会摄取的氟，每天喝茶 15～30 g 不会造成氟过量。

3. 饮茶浓度有讲究

科学研究表明，浓茶不利于健康，大量饮浓茶会使多种营养元素流失，因为过量饮茶会增加尿量，引起镁、钾、维生素B等重要营养素的流失，而浓茶易引起贫血、骨质疏松。

【课外实践活动】

参观茶文化传承与发展中心，检测不同茶叶有效成分含量

一、时间

根据教学时间灵活安排。

二、活动地点

茶文化传承与发展中心。

三、活动内容

了解茶叶有效成分；检测不同茶叶有效成分含量。

四、活动要求

1. 活动前准备

（1）请班主任将班级学生分成几个小组，每小组安排小组长，填写“小组安排表”，活动时以小组为单位活动，将小组长名单告知相应车长。

（2）各班安排学生，在当天活动前为班级领食物。

（3）请班主任提前做好学生的乘车安全教育和茶企茶园纪律教育。

（4）请班主任将所在的车号、上车时间和集合时间准确通知学生，听从小组长和带班老师的指挥，不得单独行动，服从活动安排。

2. 集合出发

（1）根据教学时间安排好时间在操场集合。

（2）按照要求和班级参与活动的人数，到指定地点领取点心。

（3）在指定地点排队有序上车。

3. 车上纪律

文明乘车，不得大声吵闹，不得随意将头、手等部分伸出车外，不得在车厢内随意走动，垃圾入袋，服从司机和车长的安排。

4. 集合回校

以小组为单位，按时集合，找到所在车辆，向车长报道。全部师生到齐后发车回校。

5. 活动反馈

复习题

1. 简述都匀毛尖茶中生化成分的特点。

2. 简述都匀毛尖茶中香气成分的特点。

3. 简述都匀毛尖茶中微量元素及稀土元素的特点。
4. 简述都匀毛尖茶中功效作用。
5. 简述茶叶中有效成分。
6. 简述茶叶中营养成分。
7. 简述茶叶中药用成分。
8. 简述茶叶中成味成分。
9. 简述茶叶的有效保藏。
10. 简述茶叶的科学饮用。

第十一章 茶之用

《尔雅·释木》曰："槚，苦荼。蔎，香草也，茶含香，故名蔎。茗荈，皆茶之晚采者也。茗又为茶之通称。茶之用，非单功于药食，亦为款客之上需也。"

有《客来》诗云："客来正月九，庭迸鹅黄柳。对坐细论文，烹茶香胜酒。"

把茶引入待人接物的轨畴，突显了交际场合的一种雅好，开饮茶成因之"交际说"之端。随着茶文化的传承与发展，茶的用途逐步涉及食品、饮料、菜肴、酒类等领域，丰富了人们的茶文化生活，并为茶文化注入新的活力。

第一节　都匀毛尖的茶疗

【问题探讨】

茶疗是根植于中医药文化与茶文化基础之上的一种养生方式，真正意义上的茶疗是以中药原植物叶片，并结合中药与茶叶炮制方法，制作成茶叶形态，它同时具备中药的治疗养生效果与茶叶的“形、色、香、道”，具有实效性、安全性、享受性及便捷性四大优点。

【讨　　论】

茶疗治病的机理是什么？主要有哪几种方式？

《本草拾遗》记载：“诸药为各病之药，茶为万病之药。”

唐代刘贞亮也曾经总结说，茶有十德：以茶散郁气，以茶驱睡气，以茶养生气，以茶除病气，以茶利礼仁，以茶表敬意，以茶尝滋味，以茶养身体，以茶可行道，以茶可养志。

由此可见，以茶疗身心，不仅能治病养生享健康，还可品茶品味品人生。

一、茶药用的机理

茶叶药用，俗称“茶疗”，是一门关于用茶及相关中草药或食物进行养生和治疗疾病的科学。“诸药为各病之药，茶为万病之药”（唐代·大医学家陈藏器《本草拾遗》）。正如宋代诗人苏轼所言：“何须魏帝一丸药，且尽卢仝七碗茶。”

历代记载茶叶药用的文献有近百种，还有不少散见于宫廷、民间的茶谱、食谱，以及其他医书中均有记载，中国对茶的养生保健、医疗作用的研究有着悠久历史。茶疗，既保持了茶叶应有的功能和作用，又有茶叶所不具备的效用。

此外，茶与中药配伍，有助于发挥综合作用，加强疗效。茶叶之所以具有如此强大的药理作用，得归功于其主要成分茶多酚、咖啡因、茶多糖、茶氨酸等。

茶疗治病，可以是单方的，也可以是复方的，其治病方式，主要有以下三种：

（1）用茶养生保健治病；

（2）以茶入药保健治病；

（3）以某种或数种中草药为主加入茶叶进行治病。

二、茶药用的示例

（一）五神茶

1. 原　料

茶叶 5 g，紫苏叶、荆芥各 3 g，生姜 3 g，红砂糖 15 g

2. 制　法

（1）先将生姜洗净切成丝状，紫苏叶和荆芥洗去尘；
（2）以上同茶叶共装于杯内，以沸水 200 ~ 300 mL 冲泡，加盖 5 ~ 10 min；
（3）加入红砂糖拌匀，取汁趁热饮用。

3. 功　用

发汗解表，温中和胃。
主治风寒感冒、恶寒发热、头痛、咳嗽、无汗、恶心呕吐、腹胀、胃痛等。

（二）绿茶天冬汤

1. 原　料

绿茶 1 ~ 2 g、天冬 10 ~ 15 g、甘草 3 g

2. 制　法

（1）先将天冬、甘草加水 600 mL，煮沸 5 min；
（2）加入绿茶，再煮 3 min，过滤去渣；
（3）分 3 次温服，一日一剂。

3. 功　效

养阴清热，生津润肺，抗癌。适用于乳房肿瘤、肺癌等症。

（三）柿叶茶

1. 原　料

茶鲜叶、嫩柿叶。

2. 制　法

（1）将茶鲜叶按炒青加工工艺制成干茶；

（2）刚采的新鲜柿叶进行杀青、撕碎、揉捻及烘干；
（3）将上述柿叶与茶叶按 2∶1 混合，即为成品。

3．功　效

降脂降压，扩张动脉。常饮可有效帮助消化、增进食欲、促进睡眠、改善精神状态。

分析表明，柿叶含多种维生素、氨基酸和矿质元素，其中维生素 C 含量是茶叶的 5～10 倍。

（四）海藻茶

1．原　料

茶叶粉（由粗老茶叶碾成）、海藻粉、柠檬酸、其他辅料。

2．制　法

（1）将原料按组方称量，去杂碾成细末；
（2）充分掺和；
（3）经碾磨、干燥、筛分、匀堆，制成粉末状冲剂。
可直接冲泡饮用，也可压成块状物用沸水冲泡饮用

3．功　效

含有丰富的镁、钙、铁、钠、硒等，以及多种维生素、氨基酸、多糖，具有良好保健作用。

（五）擂　茶

1．工　艺

生米、生姜、生茶叶各适量，将三味用擂钵捣碎，沸水冲泡代茶饮。

2．功　效

清热解毒，通宣理肺，有预防、保健、延年益寿之效（民间验方）。

（六）蜂蜜茶

1．工　艺

绿茶 0.5～1.5 g、蜂蜜 25 g，用开水 300～500 mL，浸泡 5 min 后温饮，或煎服。

2．功　效

具有益气和脾，消除疲劳之效（民间验方）。

（七）减肥茶

1．工　艺

茶 3 g、陈葫芦 15 g，开水冲泡服，每日一剂。

2．功　效

利尿、减肥、降脂（民间验方）。

（八）美肤茶

1．工　艺

珍珠、茶叶各适量珍珠研细粉，沸水冲泡茶叶，以茶汁送服珍珠粉。

2．功　效

润肌泽肤，葆青春，美容颜（《御香缥缈录》）。

第二节　都匀毛尖的茶点

【问题探讨】

茶点是在茶的品饮过程中发展起来的一类点心，其外形精细美观、品种丰富、口味多样，量少、质优，是佐茶食品的主体。茶点既为果腹，更为呈味载体。它有着丰富的内涵，在发展过程中，逐渐形成了包罗万象的类型与风格品种。逐渐讲究茶点与茶性的和谐搭配，注重茶点的风味效果与地域习惯，而营养价值逐步引人注目。体现茶点的文化内涵等因素，从而创造了我国茶点与茶的搭配艺术。

【讨　　论】

茶点与茶的搭配艺术主要讲究什么原则？

茶点，亦称为茶食。

“茶食”一词最早见于《大金国志·婚姻》记载：“婿纳币，皆先期拜门，戚属偕行，以酒馔往，少者十余车，多至十倍。……酒三行，进大软脂小软脂，如中国寒具，次进蜜糕，人各一盘，曰茶食。”

纵观古代茶食的发展轨迹，饮茶史的发展从来就缺少不了与之相配的茶食。然而茶食的内涵并非一成不变。以先秦时期为始，历经汉魏南北朝的筵席茶食，及隋唐宋的佐茶点心，至元明清三代的茶食集大成为止，我国古代茶食大致经历了四次改变，各个朝代的茶食也因时期的不同有着特定时期的内容。

一、制作机理

茶点是（非）佐茶或用茶制作的点心、小吃，是佐茶食品的主体。与其他点心相比，茶点口味和品种较丰富，形小、量少、质优，且更加精细美观。

与水溶性营养成分相比，在茶叶中有 65% 脂溶性成分是不溶于水的，如矿物质、微量元素以及脂溶性维生素等。若仅单纯的泡饮，摄取到的营养成分只能是茶叶中的水溶性成分，而大部分脂溶性的则不能轻易被人体所吸收。

因此，运用现代的食品加工技术将茶叶中的各种营养成分与传统的食品进行融合以及加工制作，即制成茶食品，人们就可以有效地吸收到茶叶中的营养成分，使那些脂溶性营养成分也能发挥作用，从而达到健身、营养、防病等多种功效。

目前，市场上较为常见的茶食品有茶主食、茶菜、茶糖果、茶零食、茶糕点等，凭借着其营养、保健等特征，在我国食品消费市场的发展势头迅猛。

二、含茶成分的茶点

（一）用茶叶制作的茶点

直接用茶叶做主料的茶点，最有名的是安徽的“炸雀舌”。其原料为中国十大名茶之一的安徽黄山毛峰，茶叶片小而尖，似雀舌，“炸雀舌”即由此得名。此茶点色金黄，精致玲珑，入口细嫩，清香甘美。

此外，茶还可直接掺入主食中吃。较常见的有茶粥、茶叶盖浇饭、茶香水饺等。特别是茶香水饺，在肉馅内掺入乌龙茶包制，鲜而带香，油而不腻，备受消费者欢迎。

（二）用茶粉制作的茶点

采用茶粉（末）制作的茶点，譬如茶糕、茶饼干、茶叶面、香茶饼等，自然清香，不油腻，老少皆宜，已成为现代面点的潮流（图 11-1）。

以下为都匀毛尖茶糕的制作流程：

（1）原料：二级都匀毛尖茶，面粉，植物油。

（2）工艺：① 将绿茶磨成粉待用；② 低筋面粉 50 g、绿茶粉 5 g 过筛，15 g

植物油混合揉成面团；③ 静置 30 min；④ 将面团放入模具中压制；⑤ 放入烤箱预热 10 min，上下火烤 5 min。

图 11-1　都匀毛尖茶糕

（三）用茶汁制作的茶点

以面粉、米粉等为主料，佐以茶叶或茶粉冲泡的汁液，制作而成的各种点心、糖果等。例如以豆腐和红、绿茶汁所制的“红绿八卦”，用糯米粉加茶汁蒸制而成的茶糕；此外，还有色泽鲜艳、甜而不黏、油而不腻、茶味浓醇的红茶奶糖和绿茶奶糖等。

1. 都匀毛尖茶面包

（1）茶汁提取：以 1∶10 比例，将都匀毛尖茶（中低档，或粗老茶）与开水浸泡，反复充分搅拌；再经过浸渍→抽提→沉淀→过滤→静置等工序，初制成浓茶汁备用。

（2）面包制作：在搅拌器中，以 70∶2.5∶50 的比例称取小麦粉、酵母和水，混搅 3 min，再静置 4 h；然后按照 6∶2∶6∶0.01∶4∶35∶20 的比例称取白糖、食盐、奶油、发酵粉、脱脂乳、水和茶汁，混匀后放入搅拌器中，再混合搅拌 10 min；最后将面团分割、发酵、整形后，在 38 °C 温度下发制 40 min，并按常规面包制作方法，加工成茶汁面包。

该茶面包呈茶褐色，非常膨松（茶汁能提高面筋的亲和力），体积也比常规面包大 20%～30%，具有易保鲜、芳香可口、风味独特的品质特点。

2. 都匀毛尖茶豆腐

（1）茶汁制作：以 1∶15 比例，将都匀毛尖茶（中低档，或粗老茶）与水进行蒸煮、静置、抽提、过滤、浓缩，初制成浓茶汁。

（2）茶豆腐加工：将浓茶汁与黄豆，以 1∶20 比例进行充分混合搅拌；当茶汁与豆浆调和均匀后，静置 10～15 min，再进行“点浆”，至于其他加工步骤，与一般豆腐加工方法类似。

该茶豆腐外形色泽略呈黄绿，嫩度优于普通豆腐，具有茶叶的清香和风味。此外，在常温下保持 2～3 d 也不会变质，且营养价位也高于一般豆腐。

三、不含茶成分的茶点

不含茶成分的茶点，也是茶点的主体。如用水调面团、发酵面团、油酥面团、米粉面团以及杂粮蔬果面团等制作的品种繁多、风味各异的面点。此外还有水果如柠檬、甜橙、梅等，零食如咸味花生、核桃等。

与茶的搭配艺术主要讲究四大原则：

（1）与茶性的和谐搭配：茶性可分为寒（凉）性、中性和温性，根据茶食原辅料及工艺特点，综合选择茶食与茶的和谐搭配，搭配的基本原则为“甜配绿、酸配红、瓜子配乌龙”，促进人体饮食的合理化。

（2）茶点的风味：茶食的风味应与茶的滋味完美融合，促进人体对茶食的消化吸收。

（3）茶点地域习惯：因地域的差别及口味的偏好，茶与茶食的品种选择也不尽相同。

（4）茶点的文化内涵：由于历史文化的原因，某些茶食与茶的搭配成为一种习俗流传下来。

第三节　都匀毛尖的菜肴

【问题探讨】

茶的发展逐渐普及到人们的衣食住行，早期的茶，作为药用之外，很大程度上还作为食物出现，在中国用茶掺食做成茶菜肴供人食用，已具有悠久的历史。茶叶兼具色香味形等特点，可调味增色，还具有较高的药理价值，因而茶菜肴既可增进食欲、解除饥饿，又可达到养生的功效。

【讨　　论】

都匀毛尖茶菜肴的制作原理是什么？

茶原产于中国，人工栽培历史悠久，很久以来，人们在把茶作为饮料的同时，也将它融进菜肴，形成了独特的风味。《晏子春秋》中的记载：“婴相齐景公时，食脱粟之饭，炙三弋五卵、茗菜而已。”这说明早在春秋战国时期，人们就已经把茶作为蔬菜了。

中国西南是茶树原产地中心，据茶文化专家调查显示，中国西南的云、贵、川等省的部分少数民族仍有“吃茶”习俗，即在茶中加入佐料、香料或把茶和粮食混合着吃。几千年来，经过人们不断探索，出现了一些著名的茶肴如“樟茶鸭子”等。

都匀是少数民族聚居地，各民族均有自己的饮茶、吃茶习俗，如油茶，在长期的生产生活中，人们把茶制成各种茶肴，茶肴始于何时已无从考证。都匀毛尖茶作为本地特产，制作茶肴别有一番风味。多年来，厨师们努力探索，精工细作，逐渐形成了具有民族特色的都匀毛尖茶菜肴，都匀毛尖茶制作的菜肴色、香、味、形俱佳，并有保健的功效。现收集整理了一部分菜肴，以起抛砖引玉的作用，引起全社会的共鸣，让大家都来为丰富都匀毛尖茶文化及都匀的饮食文化出谋献智，进一步丰富都匀毛尖茶文化和都匀的饮食文化，为提升都匀城市品位做贡献。

一、茶菜肴制作原理

（一）茶叶色泽与菜肴的结合

用于制作茶菜肴的茶叶原料主要是茶叶鲜叶、成品茶。以鲜叶作为原料，关键是考虑如何保持茶叶的绿颜色，由于构成茶叶绿色的主要物质是鲜叶中含有的叶绿素，因此，要保持这种赏心悦目的绿色，关键是提高叶绿素的保留量，使叶绿素免遭大量的破坏。由于在茶菜肴的制作过程中，必然会发生热的作用，鲜叶的温度升高，蛋白质凝固，叶绿素游离出来，游离的叶绿素很不稳定，对 pH 值变化、光、热都很敏感，容易发生变化而遭受破坏。鲜叶叶温在达到破坏酶活性温度之前，叶绿素在酶的作用下发生水解，遭受破坏；同时，杀青叶失水、细胞液浓缩、糖分解、有机酸增加、pH 值下降等，致使叶绿素不断遭受破坏，生成叶绿酸、叶绿酸甲酯、脱镁叶绿酸或脱镁叶绿酸甲酯等，使叶色失去鲜绿和光泽。故，在煮鲜叶时，应用含油、盐的沸水或沸油在 1 ~ 2 min 内使叶温升到破坏酶活性的温度，尽可能地保留叶绿素的含量。如果选用茶叶是成品茶，因为不同茶类的叶底颜色不一样，绿茶类是黄绿色、红茶类是红色为主、乌龙茶类是绿叶红镶边，则要根据不同的菜式要求来选用色泽能较好协调的茶类。

（二）茶叶香气与菜肴的协调

选用鲜叶作菜肴的原料，由于鲜叶中含有多种具有青臭气、青草气的化学成分，因此必须通过高温使低沸点的青臭气、青草气成分挥发，使茶叶的清香显露，从而增加茶菜肴的芳香。选用成品茶作菜肴的原料，由于不同的茶叶香型不同、浓淡不一，要根据具体情况选择较好的搭配。茶入菜肴要保持茶叶原有的香气与菜肴很好地协调起来，要显现茶的香味。茶菜肴的制作过程中，姜、葱、蒜、芹、香叶、芫茜、陈皮等具有浓烈气味的配料要少加或不加，以免冲淡茶叶的香气。当然，具体情况应当具体分析。

（三）茶汤滋味与菜肴的协调

根据不同的菜式要求，选择能够较好地协调茶菜肴味道的茶类。适合的茶汤使得菜肴在原来的美味上注入浓厚或鲜爽的茶味，使茶菜肴更加美味、可口、诱人。

（四）茶叶形状与菜肴的搭配

根据不同的菜式要求选用叶底形状不同的茶叶，如龙井、雀舌、毛峰、银针、瓜片、白牡丹、红碎茶等等作为菜肴的点缀，使得菜肴更加具有艺术性、观赏性，一份令人赏心悦目而又有艺术内涵的美味菜肴必能诱人食欲。

总之，茶入菜肴，既要保持食品原有的特色和营养价值，又要使其具有独特的茶味，真正起到良好的保健作用。因此就要求充分掌握茶的特性，使茶入菜肴能保持茶不败味。茶入菜肴具有食用性和观赏性的同时，对人具有良好的保健功能。

如岭南茶宴中的“越秀远眺”（即碧螺春椒盐海豹蛇），碧螺春产于江苏太湖洞庭山，有“洞庭碧螺春，茶香百里醉”之说。碧螺春属于绿茶，不发酵茶中的上品，具有清热解毒、收敛性强的特点。用此茶汁与海豹蛇同烹，恰好在甘香的椒盐味中注入了浓厚鲜爽的茶味，并因其较强的收敛性使海豹蛇肉实而不韧，外香内软，口感醇厚，恰到好处。

又如茶皇鸡煲翅，用上等的铁观音茶汁加入煨好的鱼翅煲至够身，使到翅汤既有茶叶的清香味，又有翅的浓汤味。铁观音属青茶类，既有红茶的甘醇又兼有绿茶的清香，素有“绿叶红镶边”的美誉。其以天然花香得名，增加温度能使茶香充分散发出来，适用于汤浸、焗、卤水等。与翅共煮，相得益彰。

又如“蟠龙洞天”（即贡眉陈皮浸白鳝），寿眉茶属白茶类，因茶中富含茶碱、茶多酚、儿茶素和叶绿素，这些成分对脂肪有很强的分解、吸收和消化作用。寿眉茶、陈皮和白鳝共煮，不但茶汤香浓，而且还宽中理气，克热解痰。白鳝比较肥美，如放置茶汤上浸，可有效地改良白鳝本身的不足，起到“解油浓、去腻、去脂”的作用，使鳝鱼肉质嫩滑爽脆，肥而不腻，入口弹牙。

又如“双桥烟雨”（即生菜茶末乳鸽松），以上等的铁观音茶末洒在乳鸽松上，佐以碧绿鲜嫩爽脆的生菜同吃。因茶叶制成粉末添加到各种菜肴中，可以获得茶叶中的脂溶性和维生素营养成分，更好地发挥茶叶中的营养价值。故吃起来香气清冽、滋味醇厚，浓而不涩。

再如“珠海丹心”（即茶皇西洋菜），因加入红茶和鲜奶制成，令人充分感受到红茶特有的麦芽香味，和味顺气，香醇爽滑，与传统的西洋菜吃法相比别具一格。

随着时代消费模式的转变，人们对茶的消费方式日臻丰富。随着社会经济的发展，人们生活水平的提高，大众对营养状况的改善和认识的深入，茶制食品将以其独特的魅力日益受世人重视。因此，大力发展茶宴，以满足人们日益增长的物质文化需要，将会对弘扬中国茶文化和饮食文化产生良好而深远的影响，在今后将会有更广泛的应用领域和美好的发展远景。

二、茶菜肴制作示例

（一）都匀毛尖虾仁

1. 原　料

活大河虾 1000 g、毛尖新茶 15 g、鸡蛋清 1 只、绍酒 1.5 g、精盐 3 g、味精 2.5 g、湿淀粉 40 g、熟猪油 1000 g（约耗 75 g）。

2. 制　法

（1）将虾去壳，挤出虾仁，换水再洗，反复洗三次，把虾仁洗得雪白取出，沥干水分（用洁净干毛巾吸干水），然后放入碗内，加盐、味精和蛋清，用筷子搅拌至有黏性时，放入干淀粉拌和上浆。

（2）取茶杯一只，放入茶叶，用沸水 50 g 泡开（不要加盖），放置一分钟，滗出 40 g 茶汁，剩下的茶叶和余汁待用。

（3）炒锅烧热，用油滑锅后，下熟猪油烧至四五成热时，放入虾仁，并迅速用筷子拨散，约 15 s 后取出，倒入漏勺沥去油，再将虾仁倒入锅中，并迅速把茶连汁入锅，烹酒，加盐、味精少许，颠炒几下即出锅装盆。

3. 特　点

色泽洁白碧绿，茶叶清香，虾仁鲜嫩，滋味独特。

（二）香炸毛尖

1. 原　料

都匀毛尖 15 g、鸡蛋 2 只、精盐 0.5 g、干淀粉 15 g、花椒盐 10 g、麻油 500 g（约耗 50 g）。

2. 制　法

（1）先将毛尖放在茶杯里，倒入开水泡开，滗去水捞出，放在大碗里，磕入鸡蛋加盐，轻轻搅拌，至鸡蛋起泡沫时，再下干淀粉搅匀成糊。

（2）炒锅旺火烧热，放入麻油至五成热时，将毛尖茶 2～3 片并在一起，裹上蛋糊，分散下锅，用手勺轻推 2～3 下，见呈金黄色时，滗去锅中油。

（3）原锅端离炉火，将花椒盐分 3 次均匀撒在锅里的金毛尖上（一次将锅颠翻一下），撒完后，出锅装盘即成。

3．特　点

色泽金黄，雀舌细嫩，清香甘美。

（三）毛尖红烧肉

1．原　料

五花猪肉 500 g、毛尖茶 25 g、白砂糖 50 g，酱油、麻油、花椒、姜、葱、食盐适量。

2．制　法

（1）猪肉洗净，切成薄片，放入盛器内，加入酱油、麻油、姜丝、葱段适量，腌渍半小时。

（2）茶叶、花椒用开水适量浸泡 10 min，滤去茶叶和花椒，留下茶汁备用。

（3）将白砂糖下入烧热的炒锅中，炒至黄色，放入腌好的肉片，炒至三分熟，再倒入茶汁及适量食盐、骨架汤，以没过肉为准，盖好锅盖，用文火煨，待汤呈紫红色，有黏性时，即可装盘上桌。

3．特　点

颜色红艳，茶香浓郁，咸甜适口，入口不腻。

（四）鸡丝毛尖

1．用　料

熟鸡脯肉 100 g、都匀毛尖茶 15 g，鸡蛋 2 只、白面粉 100 g，调料适量。

2．制　法

鸡脯肉撕成丝，茶叶用少量开水泡开，鸡蛋和面粉调成蛋糊，放入鸡丝、茶叶及调料拌匀。开油锅，待油五成热时，将茶叶鸡丝糊剜成丸子入锅炸，待其定型后逐一捞出。最后，将油温升至六成，投入丸子复炸，至丸子金黄酥脆即成。

3．特　点

色泽橙黄透绿，口感外脆里嫩，香气清新鲜嫩爽口。

（五）毛尖鱼米

1．用　料

净青鱼肉 250 g、毛尖新茶 4 g、色拉油 750 g（耗 75 g）、鸡蛋 1 只、干淀粉 7 g，湿淀粉 5 g、精盐 3 g、绍酒 2 g、味精 1 g。

2．制　法

（1）将青鱼切成米粒大小的鱼丁，置碗内，加精盐、绍酒、味精、鸡蛋清、干淀粉抓匀上浆；毛尖新茶入碗内，用适量开水冲泡，滗去第一道茶水，再第二道，取 150 g 茶水待用。

（2）锅洗净置中火上，舀入色拉油烧至四成热时，下鱼米滑散，待断生发白时捞出沥油。

（3）原锅倒入茶水，放入鱼米烧沸，用湿淀粉勾薄芡，颠翻出锅装盘即成。

3．特　点

清白鲜嫩，茶香味醇。

（六）毛尖里脊

1．用　料

猪里脊肉 200 g、毛尖新茶 5 g、鸡蛋 1 只、色拉油 750 g（耗 75 g）、绍酒 5 g、精盐 3 g、味精 1 g、葱姜汁 5 g、干淀粉 10 g、湿淀粉 5 g。

2．制　法

（1）将猪里脊肉去筋膜，用刀批成薄片，浸在清水中，再用洁净毛巾吸干水分，置盆内加精盐、味精、葱姜汁、鸡蛋清、干淀粉抓匀上浆，茶叶入碗，用开水冲泡，取茶水 120 mL 待用。

（2）锅洗净置中火上，加入色拉油烧至五成热时，放入里脊片滑开，见断生发白时捞出沥油。

（3）原锅倒入茶汁，放入里脊片烧沸，随即以水淀粉勾薄芡，翻炒出锅装盘。

3．特　点

色泽洁白，清淡鲜嫩，茶香浓郁。

第四节 都匀毛尖的饮料

【问题探讨】

中国茶饮料市场自1993年起步，2001年进入快速发展时期。中国饮料工业协会的统计数据显示，到2009年，中国茶饮料的产量超过700万吨，茶饮料行业成为中国传统茶产业的支柱，同时茶饮料成为最受欢迎的饮品之一。茶饮料是健康饮品的代表，得到越来越多年轻消费者的认同，逐步成为新饮料市场的主力军。

【讨 论】

（1）什么是茶饮料？

（2）茶饮料可分为哪几大类？

（3）茶饮料有什么样的发展趋势？

一、茶饮料概述

茶饮料是以茶叶水提取液或浓缩液、速溶茶粉为原料，经加工、调配等工序制成的。

国内外茶饮料的发展经历了五个发展阶段：传统热水冲泡→固体速溶茶→果汁茶饮料→纯茶汁→保健茶饮料。

（一）茶饮料分类

1．固体饮料（即速溶茶）

一种是纯茶固体饮料，一种是添加果汁、牛奶、糖等制成的混合型固体饮料。

2．软饮料（即一般的液态茶饮料）

（1）按含气与否，可分为：含气的碳酸饮料和不含气的茶软饮料。

（2）按配料不同，可分为：纯茶汁饮料；调味茶饮料；混合茶饮料

（3）保健型茶饮料：从茶叶中提取某一化学成分制成的茶饮料。

（二）茶饮料发展趋势

（1）我国饮料业发展潜力巨大。

（2）生产茶饮料已成为必然趋势，同时也具有广阔市场。

（3）国内开发生产茶饮料的条件已经成熟。

二、茶饮料加工技术要点

（一）纯茶型

纯水→调配→清滤→杀菌→热灌装→恒温→冷却→成品

↑

浓缩汁（或茶粉）→灌装、封盖→杀菌→成品

技术要点：

（1）纯茶类饮料以乌龙茶为主，花茶次之，纯绿茶、红茶不多见。

（2）调配时茶粉用量在 0.2% ~ 0.5%，浓缩汁（20° Brix）用量为 1% ~ 1.2%。调配应加 D-Vc-Na 等抗氧化剂，用量为 0.05% ~ 0.1%。

（3）纯茶为低酸性饮料，工艺中一般采用高压杀菌（121 °C，10 ~ 15 min）或超高温瞬时杀菌（135 °C，5 ~ 6 s），结合 85 ~ 90 °C 热灌装的形式以达到一年保质期的要求。

（4）在乌龙茶或绿茶中加入 2% ~ 3% 的糖生产低糖茶饮料，其工艺也应采取上述工艺流程。

（5）纯茶类的包装形式目前以热灌装 PET 瓶和三片罐为主。

（二）调味型

糖→化糖→净化→调配→精滤→灌装→杀菌→成品

↑

浓缩汁（或茶粉）、香精、酸等

技术要点：

（1）调味茶饮料以红茶类较多，绿茶、乌龙茶也有。这是一类以添加糖、酸，并调以不同类香型的甜酸口味茶饮料，一般根据不同类型的香精，决定适当的甜酸比。果香型茶饮料（如柠檬、苹果、菠萝等）一般以糖度 8.5 ~ 9.0° Brix，pH 值 3.3 ~ 3.5，口味较好，在香型茶饮料（如玫瑰，茉莉、桂花等）一般以糖度 8.0 ~ 8.5° Bx，pH 值 3.5 ~ 3.8 口味为佳。

（2）经溶解、化糖后经过净化处理，如脱色、过滤等，以增加最终饮料的透明度。

（3）调配时，茶粉用量为 0.15% ~ 0.2%，浓缩用量为 0.8% ~ 1%，可加入一些抗氧化剂，加 D-Vc、Na，用量 0.02% ~ 0.05%。

（4）调味茶饮料为酸性饮料，采用巴氏杀菌即可达到灭要求，一般可采用 80 °C，10 ~ 15 min。调味茶饮料中也可充入碳酸气，做成碳酸饮料，但调配时应加入防腐剂。

（5）调味茶饮料可以采用目前饮料市场中各种类型的包装，如二片罐、三片罐、PET 瓶、利乐包、玻璃瓶等。

三、茶饮料示例

（一）饮料流程

茶叶→热浸提→过滤→冷却→净化→调配→过滤→加热→灌装→封罐→杀菌→冷却→检验→成品

技术要点：

1. 热浸提

去离子水，85 ~ 95 °C，10 ~ 15 min。

绿茶：80 °C，3 min；红茶：85 ~ 90 °C，5 min。

2. 冷　却

迅速冷却。

3. 净　化

解决沉淀问题。

4. 调　配

稀释、调配。

稀释：加入纯水稀释到饮用浓度为止。

同时加入微量的抗坏血酸钠，有时还需加入少量的碳酸氢钠。GB pH 5.0 ~ 7.5，绿茶 pH 5.7 ~ 6；乌龙茶 pH 6 ~ 6.5。

5. 加　热

85 ~ 95 °C。

6. 杀　菌

纯茶水：121 °C，5 min 以上或 115 °C，15 min。

奶茶：121 °C，30 min。

（二）都匀茶饮料（白茶豆腐汤）

（1）茶汤。以都匀茶叶为加工茶饮料的主要原料，采用加工的新茶，将白茶泡开后取茶汤。

（2）煮熟。将白茶汤与内酯豆腐一同煮熟后摆盘即可（图 11-2）。

（3）可根据个人口味加入少许冰糖。

图 11-2　白茶豆腐汤

第五节　都匀毛尖的茶酒

【问题与探讨】

早在上古时期就有关于茶酒的记载，但仅限于米酒浸茶，而并非茶文化与酒文化的交融结合。史料记载800余年前北宋大学士苏轼便有了茶酿酒的创想，而茶酒的研制与加工始于20世纪40年代。茶作为世界公认的保健饮料，性属温和；而酒属于刺激性饮料，适宜的酒具有医治疾病、强生健体、延年益寿的作用，采用茶叶酿制或配制的茶酒兼有茶和酒两种主流饮品的优点，有较高的保健价值。

【讨　　论】

什么是茶酒？茶酒主要分为哪几大类？

一、茶酒概况

茶叶酒类包括各种以茶叶为主料酿制或配制的饮用酒，简称茶酒，为我国首创。1940年上海复旦大学茶叶专修科王泽农用发酵法研制茶酒，1980年以来，我国各产茶省份研制出茶酒20余种，基本属于低度酒（20%以下），兼有茶和酒的风味。

（1）汽酒型：以茶叶为主要原料，添加其他辅料，用人工方法充入二氧化碳，酒精含量4%～8%；

（2）配制型：以茶叶为主要原料，添加其他辅料，按一定比例和顺序配制而成；

（3）发酵型：以茶叶为主要原料，人工添加酵母、糖类发酵，最后调配而成。

二、汽酒型

汽酒型茶酒是以茶叶制备液为主体，用人工方法充入二氧化碳制成的一种低酒精度的碳酸饮料。主要特点为保持茶叶应有的天然风味，泡沫丰富，刹口感强，酸甜适宜，鲜爽可口，兼具茶与酒的特色。

该茶酒内含多种维生素、氨基酸和矿物质，并含有适量的茶多酚、咖啡因等药用成分，是一种营养保健佳品。

（一）汽酒配方（表 11-1）

表 11-1　汽酒配方

配料	茶叶	砂糖	甜味剂	酸度调节剂	抗氧化剂	防腐剂	酒基
用量/%	0.6 ~ 1.0	7.25	0.004	0.058	适量	0.0065	3

（二）汽酒流程

茶叶→沸水（90 ~ 95 °C）浸提→过滤→茶汁→（糖浆、酒基、辅料、水）配料→茶酒糖浆→灌浆→（净水冷却→气水混合）灌水→封盖→检验→贴标→成品

技术要点：

1. 茶汁提取

按规定配方准确称取茶叶，先进行品质审评，要求品质正常，无变质。然后按茶水比例用 90 ~ 95 °C 的沸水浸泡 10 min。先沥去茶渣，再反复过滤，要求滤汁无沉淀、小黑点和混浊物。

2. 茶糖浆制备

按比例加水入锅煮沸后加入砂糖，待其溶化，加入赋香料继续煮沸 10 min 后，与茶汁混合并再次过滤，即为茶汽酒的基本原料。

3. 汽水混合

水先经适当处理再冷却到 5 ~ 7 °C，然后经汽水混合机，与二氧化碳（392.37 kPa）形成碳酸水，碳酸水输送到灌瓶机中待用。

4. 灌浆灌水

将含有茶汁及酒的糖浆输送到灌浆机中定量灌浆，再将碳酸水注入瓶内，灌好后立即封口压盖。

5．检验贴标

封口压盖后，每班生产的产品，应根据食品卫生标准进行外观、理化检验，符合标准者，贴上商标，投放市场。

6．品质规格

① 感官指标；② 细菌指标；③ 理化指标（表 11-2）。

表 11-2 汽酒的品质规格

指标	品 质	规 格
感官指标	泡沫、持泡性	具有类似啤酒细白而丰富的泡沫，有挂杯
	色泽	有茶叶天然的绿色泽，清澈透明
	滋味	刹口感强，具茶味，醇正，清凉解渴，无外来物
细菌指标	菌落指数	≤60 个/mL
	大肠杆菌	≤3/100 mL
理化指标	糖	7.27%
	增甜剂	0.00%
	防腐剂	0.01%

三、发酵型

发酵型茶酒是利用人工加糖、加酵母来完成的人工发酵茶酒。

该茶酒风味独特，内含多种氨基酸、维生素、矿质元素等，并保持了茶多酚、咖啡因、茶多糖等药用成分，是一种集营养、保健、医疗为一体的高级饮品。

（一）发酵原理

（1）$C_6H_{12}O_6$（酵母、酒化酶）$\longrightarrow 2C_2H_5OH+2CO_2+$热量

（2）$C_{12}H_{22}O_{11}+H_2O$（酵母、酒化酶）$\longrightarrow 2C_6H_{12}O_6$（酵母、酒化酶）$\longrightarrow 4C_2H_5OH+4CO_2+$热量

（二）发酵流程

茶叶制备液→入池→（酵母→）调温→（砂糖→）发酵→检温→化验→（食用酒精→）调配→出池→过滤（酒脚）→原酒→装瓶→杀菌→成品

技术要点：

1．茶汁萃取

将茶叶粉碎，用 90 ~ 95 °C 的沸水反复提取至汤色浅淡，滤去茶渣，把多次提取液汇集，冷却到室温备用。

2．茶汁入池

发酵池事先洗净并用 75% 酒精或 0.01% 高锰酸钾溶液消毒。按发酵容量的 4/5 加入茶汁，记载数量、品种、入池时间等。

3．调　温

刚入池的发酵液温度控制在 25 ~ 28 °C，使酵母菌大量繁殖，发酵正常后将汁温调到 20 ~ 25 °C，进行低温发酵。

4．加酵母液

加入已备好的酵母液 5% ~ 10%，要求酵母健壮肥大，形态整齐，芽孢率在 20% 以上，死亡率 2% 以下，数量达到 1.2 亿个/mL 以上。加入后要充分拌匀。

5．发　酵

发酵中分批加入白砂糖以提高酒精生成量

方法：将所加的糖分成 3 份，开始加入 1/3，待发酵旺盛时再加入 1/3，发酵再次旺盛时加入剩余的 1/3。每次加糖最好使发酵液含糖量控制在 15% 左右。

干糖先用发酵液溶化，切忌直接加入。

6．检　温

发酵过程要有专人定时检查记载温度，若发现过高或过低，则及时调温。

一般刚入池的发酵液品温比室温低 1 ~ 2 °C，发酵旺盛时高于室温 1 ~ 2 °C，发酵结束则品温和室温基本相等。

7．化　验

根据各种生化、物理、化学变化所表现出的特征，判断发酵是否正常和进展情况。

8．调整酒度

发酵开始衰退时，一般残糖量降到 1% 左右，则要加入酒精调整发酵液酒度。酒精要加得及时，过早会影响发酵，太迟可能使发酵液污染杂菌。

必须使用脱臭后的食用酒精。

9．出 池

经化验和审评，符合下列指标即可出池。

10．装瓶杀菌

装瓶前进行一次精滤，使不发生混浊。

先杀菌后装瓶：将茶酒通入杀菌器，于 90 °C 快速杀菌 1 min，立即装瓶封口。

先装瓶后杀菌：将茶酒装入瓶内（留适当空隙以防受热膨胀外溢），装瓶后用封口机密封，60 ~ 70 °C，10 ~ 15 min。

11．茶酒发酵指标

① 感观指标；② 理化指标（表 11-3）。

表 11-3 发酵型茶酒的品质规格

指标	品 质	规 格
感官指标	色泽	具有原茶汁的色泽
	香气	有该酒固有的茶香
	滋味	甜而有茶味，有酒精的刺舌感及其味
理化指标	酒精含量	10 ~ 12 mL/100 mL（以容量计）
	总酸含量	0.5 g/100 mL（以酒石酸计）
	残糖含量	1 g/100 mL（以葡萄糖计）

（三）发酵示例

材料：福鼎大白茶一芽四五叶，7—10 月。

工艺：茶鲜叶→杀青处理→浸提茶汤→（白砂糖、酵母→）分装并密封→发酵→过滤→茶酒

操作要点：

（1）鲜叶经龙井锅 160 ~ 180 °C 杀青约 7 min 后（杀青叶含水率 50% ~ 60%），用打汁机打碎。

（2）加入无菌水与打碎的杀青叶混匀（1 g 杀青叶加 60 mL 无菌水），以 65 °C 水浴浸提 10 min，用脱脂棉过滤并定容，得茶水。加入 0.1 kg/L 白砂糖，溶解冷却备用。

（3）酵母菌种活化：在 5% 蔗糖水中加入 50 g/L 酵母菌粉，摇匀，在 37 °C 保温静置培养活化 15 ~ 30 min。

（4）按 2.5% 体积分数接种量向茶水中加入酵母菌活化液，摇匀，分装于无菌玻璃瓶中，加盖密封，室温发酵。

四、配制型

配制型茶酒是用人工方法，模拟其他配制酒的营养、色泽、风味，用茶叶制备液、食用酒精、蔗糖、有机酸、着色剂、香精以及冷开水或蒸馏水按一定方法，一定比例调配而成。

该茶酒能保持茶叶固有的色香味，色泽鲜艳，酒体清亮；生产工艺简单，成本低廉，易于推销，并能较多地保持茶叶中的各种营养成分和保健成分。

（一）配制原料

茶叶：品质正常无异味无霉变，无夹杂物；

糖类：常用的以精制蔗糖为好；

酒精：一般用脱臭的食用酒精，也有用各种名酒大曲，甜酒和米酒进行配制；

香料：常用陈皮、鲜橘皮、玫瑰、茉莉、丁香、豆蔻、菊花、甘草等的浸出液，也可使用食用香精；

用水：蒸馏水、膜滤水或去离子水；

着色剂：茶酒一般是利用茶叶浸出液本身的颜色，以不添加着色剂为佳。如因特殊需要者，宜选用天然色素；

其他原料：有机酸、抗氧化剂、防腐剂等。

（二）配制流程

茶叶制备液→熬制糖浆→酒精脱臭→茶酒配制→贮藏倒池→过滤装瓶→杀菌→成品

技术要点：

1．茶叶可溶性成分制备

将茶叶中丰富的营养、保健、药用物质最大限度地萃取出来，并无损失地转移到茶酒中去。

方法：先将茶叶粉碎，用 90 ~ 95 °C 沸水反复浸提，直到浸提液色泽浅淡，口尝茶味淡薄为止。然后把多次提取液汇集拌匀，进行过滤，滤液冷却到室温备用。

2．熬制糖浆

调味的砂糖不宜直接应用，应先熬成糖浆。

方法：按比例先在锅中加水煮沸后加入砂糖，待其溶化后加入一定的柠檬酸，继续加热至糖液沸腾，再熬 10 min，即可取出。

糖浆出锅时应是无色或微黄色透明的黏稠液体，无结晶，熬糖时要火力均匀，应不断搅动糖液，防止砂糖淤锅，造成糖浆老化，影响酒质。

3．酒精脱臭

酒精中含有多种酯类、甲醇、杂醇和醛类等。这些物质含量过高，一是出现乳白色沉淀，二是容易造成饮用者头晕，三是会造成酒味不纯。

方法：氧化、吸附等。脱臭后还必须严格检验，符合国家规定标准后，方可应用。

4．茶酒配制

（1）审定配方；

（2）按配方所规定的原料和数量，核对无误后，再按配方将茶汁与酒精配成一定的酒精含量；

（3）按配方比例加入糖液，充分拌匀混合；

（4）最后加防腐剂、抗氧化剂以及其他辅料后，再次充分拌匀。

5．贮藏倒池

新配制的茶酒口感不柔和，色泽不够稳定，为了提高质量，减少沉淀，需经一段时间的物理和化学反应，通常须静置陈化一个月。

贮藏期间蛋白质与茶多酚产生的聚合物和其他杂质一起下沉为酒脚，使茶酒澄清。应每隔 10 d 换池一次，去掉酒脚，如此三次即可达到澄清的目的。

6．过滤装瓶

经贮藏的茶酒还须过滤，以便进一步清除换池留下的沉淀及悬浮物质，过滤后即可装瓶、压盖、包装出售。如因故不能出售，应予妥善保存，仓库要求阴凉不潮湿，库温以 20 °C 左右为好，空气要对流。

7．品质指标

① 感官指标；② 卫生指标；③ 理化指标（表 11-4）。

表 11-4　配制型茶酒的品质规格

指标	品　质	规　格
感官指标	色泽	红茶酒：红褐色明亮；绿茶酒：黄绿色明亮
	香气	红茶酒：有红茶特有的茶香与酒香；绿茶酒：有绿茶特有的清香
	滋味	茶味与酒味兼具。中高度酒以酒味为主，茶味为辅；低度酒以茶味为主，酒味为辅
细菌指标	细菌总数	绿茶 6 个/mL，红茶 2 个/mL
	大肠杆菌	绿茶 3 个/mL，红茶 3 个/mL
理化指标	酒精含量	约 10 mL/100 mL
	总糖含量	12 ~ 14 g/100 mL
	总酸含量	0.1 ~ 0.15 g/100 mL

第六节 都匀毛尖的妙用

一、残茶的妙用

所谓“残茶”，亦称为茶残渣，即泡饮过的茶叶或因为种种原因不能饮用的茶叶。

（1）湿茶叶可以去掉容器里的腥味和葱味。

（2）可以煮茶叶鸡蛋，其味道清香，非常可口。

（3）用残茶叶擦洗有油腻的锅碗、木、竹桌椅，可使该物品更为光洁、清洁。

（4）把残茶叶晒干，铺撒在潮湿处，能够去潮。

（5）残茶叶干后，还可以装入枕套充当枕芯，枕之非常柔软。

（6）把茶叶撒在地毯或路毯上，再用扫帚拂去，茶叶能带走全部尘土。

（7）将残茶叶浸入水中数天后，浇在植物根部，可以促进植物生长。

（8）把残茶叶晒干，放到厕所或沟渠里燃熏，可消除恶臭，具有驱除蚊蝇的功能。

二、隔夜茶妙用

隔夜的绿茶不仅有收敛皮肤的良好功效，还有抗菌杀毒的作用，其丰富的维生素 E、维生素 C 和其矿物质成分，能使人的皮肤透亮洁净。

（1）将隔夜绿茶（或用过的绿茶）泡在温水中，先用洁面乳将脸洗净，再用绿茶水轻轻拍打脸部，可以起到镇静皮肤和抗菌的效果。

（2）将隔夜绿茶（或用过的绿茶）放入冰箱冷冻，早晨用来敷眼约两分钟，可以在短时间内滋养眼部皮肤，并消除浮肿。

（3）绿茶也可以用作沐浴乳，滋润全身皮肤的同时更添加自然清香。

（4）将绿茶末与少量蜂蜜，原味酸奶混合成糊状，洗澡时涂抹于大腿和腹部，进行按摩，能去除角质，且有助于脂肪分解。

【思考与讨论】

根据茶叶的特性，查阅资料收集茶渣还可以有哪些用途。

【课外阅读资料】

十大抗氧化食品和十大健康食品

《时代周刊》（*Time*）又称《时代》，创立于 1923 年，是美国三大时事性周刊之一，对国际问题发表主张和对国际重大事件进行跟踪报道。

2002年美国《时代》杂志推荐了十大健康食品：
（1）番茄；
（2）菠菜；
（3）红酒；
（4）果仁；
（5）西兰花；
（6）燕麦；
（7）三文鱼；
（8）大蒜；
（9）绿茶；
（10）蓝莓。
2003年中国《大众医学》杂志组织国内权威营养学家又评出十大健康食品：
（1）豆（豆浆、豆奶等）；
（2）牛奶、酸奶；
（3）番茄；
（4）绿茶；
（5）荞麦；
（6）十字花科蔬菜（花菜、西兰花菜、卷心菜、白菜等）；
（7）海鱼；
（8）黑木耳等菌菇类；
（9）胡萝卜；
（10）禽蛋蛋白。
美国的《时代》与中国的《大众医学》推出的健康食品，茶均占有一席之地，由此可见茶具有较高的保健功能与药用价值。

【课外实践活动】

参观茶文化传承与发展中心，体验茶香月饼制作

一、时间
根据教学时间灵活安排。
二、活动地点
茶文化传承与发展中心。
三、活动内容
了解月饼加工设备；体验茶香月饼制作。
四、活动要求
1. 活动前准备
（1）请班主任将班级学生分成几个小组，每小组安排小组长，填写“小组安排

表”，活动时以小组为单位活动，将小组长名单告知相应车长。

（2）各班安排学生，在当天活动前为班级领食物。

（3）请班主任提前做好学生的乘车安全教育和茶企茶园纪律教育。

（4）请班主任将所在的车号、上车时间和集合时间准确通知学生，听从小组长和带班老师的指挥，不得单独行动，服从活动安排。

2．集合出发

（1）根据教学时间安排好时间在操场集合。

（2）按照要求和班级参与活动的人数，到指定地点领取点心。

（3）在指定地点排队有序上车。

3．车上纪律

文明乘车，不得大声吵闹，不得随意将头、手等部分伸出车外，不得在车厢内随意走动，垃圾入袋，服从司机和车长的安排。

4．集合回校

以小组为单位，按时集合，找到所在车辆，向车长报道。全部师生到齐后发车回校。

5．活动反馈

复习题

1. 简述茶叶药用的机理。
2. 简述茶叶食用的机理。
3. 简述茶饮料的类型。
4. 简述茶酒的类型。
5. 简述残渣茶的妙用。
6. 简述隔夜茶的妙用。

参考文献

[1] 陈宗懋，杨亚军. 中国茶经[M]. 上海：上海文化出版社，2011.

[2] 朱旗. 茶学概论[M]. 北京：中国农业出版社，2013.

[3] 陈宗懋. 中国茶叶大辞典[M]. 北京：中国轻工业出版社，2012.

[4] 贵州省质量技术监督局. DB522700/015 都匀毛尖茶综合标准体系[S]. 2014.

[5] 屠幼英. 茶与健康[M]. 西安：世界图书西安出版公司，2011.

[6] 陈文华. 中华茶文化基础知识[M]. 北京：中国农业出版社，2003.

[7] 丁以寿. 中华茶艺[M]. 合肥：安徽教育出版社，2008.

[8] 张凌云. 茶艺学[M]. 北京：中国林业出版社，2011.

[9] 顾谦，等. 茶叶化学[M]. 合肥：中国科学技术大学出版社，2002.

[10] 李应祥，等. 都匀毛尖茶（文化读本）[M]. 北京：中国文化出版社，2013.

[11] 宛晓春. 茶叶生物化学[M]. 3 版. 北京：中国农业出版社，2003.

[12] 黔南州茶产业发展办公室. 都匀毛尖茶[M]. 北京：中国文化出版社，2016.

[13] 刘勤晋. 茶文化学[M]. 北京：中国农业出版社，2007.

[14] 张凌云. 中华茶文化[M]. 北京：中国轻工业出版社，2016.

[15] 骆耀平. 茶树栽培学[M]. 北京：中国农业出版社，2008.

[16] 江昌俊. 茶树育种学[M]. 2 版. 北京：中国农业出版社，2015.

[17] 夏涛. 制茶学[M]. 3 版. 北京：中国农业出版社，2016.

[18] 施兆鹏. 茶叶审评与检验[M]. 北京：中国农业出版社，2010.

[19] 骆耀平. 茶树栽培学[M]. 5 版. 北京：中国农业出版社，2015.

[20] 谭济才. 茶树病虫害防治学[M]. 2 版. 北京：中国农业出版社，2011.

[21] 罗学平，赵先明. 茶叶加工机械与设备[M]. 北京：中国轻工业出版社，2015.

[22] 魏明禄. 鱼钩巷[M]. 北京：光明日报出版社，2016.

[23] 魏明禄. 黔南茶树种植资源[M]. 昆明：云南科技出版社，2018.

[24] 陈有德，王旭. 黔南州地方茶树种质资源集萃[M]. 贵阳：贵州人民出版社，2015.

[25] 浙江省地方标准. DB33T 253.2—2005 无公害绿茶　第 2 部分：茶树良种繁育[S]. 2005.

[26] 中华人民共和国农业部. NY 5197—2002 有机茶生产技术规程[S]. 2002

[27] 贵州省质量技术监督局. DB52T 507—2007 都匀毛尖无公害种植管理规范[S]. 2007.

[28] 彭萍，肖玉华，王晓庆，等. 茶园绿色高效无害化防治技术[J]. 南方农业，2010.

[29] 陈宗懋，孙晓玲. 茶树主要病虫害简明识别手册[M]. 北京：中国农业出版社，2013.

[30] 夏声广，熊兴平. 茶树病虫害防治原色生态图谱[M]. 北京：中国农业出版社，2009.

[31] 杨晓萍. 茶叶深加工与综合利用[M]. 北京：中国轻工业出版社，2019.

[32] 夏涛，等. 茶叶深加工技术[M]. 北京：中国轻工业出版社，2011.

[33] 贵州省质量技术监督局. DB52/T 648—2010 贵州茶叶包装通用技术规范[S].

[34] 林金科. 茶健康学[M]. 北京：中央广播电视大学出版社，2016.

[35] 朱永兴，王岳飞，等. 茶医学研究[M]. 杭州：浙江大学出版社，2005.

[36] 陈椽. 茶药学[M]. 北京：中国展望出版社，1987.